长河奔大漠

重走万里玉帛之路　挖掘千年文化遗存

徐永盛／著

上海科学技术文献出版社
Shanghai Scientific and Technological Literature Press

图书在版编目（CIP）数据

长河奔大漠 / 徐永盛著．—上海：上海科学技术文献出版社，2016
（玉帛之路文化考察丛书）
ISBN 978-7-5439-7107-3

Ⅰ．①长… Ⅱ．①徐… Ⅲ．①玉石—文化—中国—古代②丝绸之路—文化史—中国 Ⅳ．① TS933.21 ② K203

中国版本图书馆 CIP 数据核字 (2016) 第 150888 号

本书由上海文化发展基金会图书出版专项基金资助出版

责任编辑：胡欣轩　王茗斐
装帧设计：有滋有味（北京）
装帧统筹：尹武进

丛书名：玉帛之路文化考察丛书
书　名：长河奔大漠
徐永盛　著
出版发行：上海科学技术文献出版社
地　　址：上海市长乐路 746 号
邮政编码：200040
经　　销：全国新华书店
印　　刷：上海中华商务联合印刷有限公司
开　　本：889×1194　1/32
印　　张：11.625
字　　数：261 000
版　　次：2017 年 2 月第 1 版　2017 年 2 月第 1 次印刷
书　　号：ISBN 978-7-5439-7107-3
定　　价：66.00 元
http://www.sstlp.com

作者简介

徐永盛，男，汉族，壬子鼠，甘肃武威人，中共党员，主任记者，甘肃省宣传文化系统“四个一批”人才。1990年参加工作，现任武威市广播电视台频道总监。中国电视艺术家协会会员，甘肃省电视艺术家协会会员，甘肃省作家协会会员。

出版发行有《徐永盛文论集》之散文卷《梦里水乡》、论文卷《夜话视听》、纪录片卷《谷水之恋》、专题片卷《文化武威》，出版发行有《玉之格》《武威市广播电视志》《广播电视管理简论》《武威旅游》《武威瑰宝》等专著和《武威·天马的故乡》《凉州放歌》《诗意武威·千古凉州词》《科技兴农》等多部音像制品。创作有《玉帛之路》《大漠·长河》《春在民勤》《谷水之恋》等近40多部电视纪录片，60多部电视作品、论文、散文荣获全国电视作品一等奖、全国电视论文一等奖、甘肃省“五个一”工程奖、甘肃新闻奖、甘肃电视金鹰奖、甘肃省广播影视奖等。先后被评为甘肃省先进宣传个人、甘肃省“五四”新闻奖优秀青年记者、武威市优秀新闻工作者等。

“玉帛之路文化考察丛书”编委会

本丛书是兰州市科技局“基于甘肃省玉矿资源的丝绸之路敦煌玉文化创意产品的开发与推广”阶段性成果。
项目编号 2016-3-137

目录

首起

山转，水转，路转，人转

2015年6月，“中国首届玉文化高峰论坛暨草原玉帛之路研讨会”在兰州西北师范大学如期举行。

论坛会上，上海交通大学致远讲席教授、中国社会科学院比较文学研究中心主任、中国文学人类学研究会会长叶舒宪结合历次“玉帛之路”考察活动提出，对“玉帛之路”的研究，应该由“一源一路”向“多源多路”的方向迈进。

雄关漫道真如铁，而今回首感慨多。叶先生认为，经过历次勘察，“玉帛之路”和“丝绸之路”一样，形成了三条主要的路线。一是中线，即河西走廊道。从玉阗出发，历经龟兹、玉门关、嘉峪关、民勤、固原、平凉，到达长安。二是南线，即青海道。从喀什出发，历经玉阗、若羌、阳关、德令哈、西宁、临夏，走向中原。三是北线，即草原道。从哈密出发，历经明水、马鬃山、额济纳、阿拉善、包头、大同，也是昔日晋商走西口之道。

2015年夏日，草原“丝绸之路”“玉帛之路”考察启动。我的脚步阅读从河西出发，前往位于内蒙古自治区巴丹吉林沙漠腹地的雅布赖盐场、阿拉善右旗。在寻访草原玉帛古道的同时，探访昔日古道三线间的纵横阡陌。

作为“丝绸之路”的重要组成部分，草原“丝绸之路”是青铜时代以来蒙古草原地带沟通欧亚大陆的商贸大通道，是游牧文化交流的主动脉。它从中原地区向北，越过古阴山、燕山一带的长城沿线，西北穿越蒙古高原、南俄草原、中西亚北部，直达地中海北陆的欧洲地区。通过这条天然的草原通道，向西可以连接中亚和东欧，向东南可以通往中原地区，由此承担起东西方政治、经济、文化交流的重要使命。

这是一条历史悠久、辐射广泛、影响深远的文化线路。与其他“丝绸之路”相比，草原丝路分布的领域更为广阔。受自然生态环境的影响，只要有水草的地方，就有可走的道路。它的形成、发展和繁荣，代表了中国历史的一个辉煌时期。作为中西文化交流的产物，一直被视为对外交流的经典，成为系统性、综合性、群组性于一体具有突出普遍价值的世界文化遗产。

据专家介绍，草原“丝绸之路”时间范围可以定位为青铜时代至近现代，空间范围大致界定为北纬40度至50度之间的区域。它的东段，最为重要的起点是中国北方长城地带，主要在内蒙古自治区。这里，是游牧文化与农耕文化交汇的核心地区，是草原“丝绸之路”的重要连接点。源于原始社会农业与畜牧业的分工，产生了大宗商品交换的需求。中原地区与草原地区在经济上互有需求、相依相生的关系，在直接意义上催生了以“皮毛之路”“茶马之路”“玉帛之路”“盐路”为代表的草原“丝绸之路”。而先后在这里生活过的卡拉苏克、斯基泰、狄、匈奴、鲜卑、突厥、回鹘、契丹、蒙古等游牧民族"逐水草而迁徙"的生活习俗以及部落之间的战争，又根本性地助推了草原丝路的发展和兴盛。一座座城池相继建成，进一步推动了多民族文化的产生、发展、碰撞、融合和升华，并最终形成了绚丽多彩、博大精深的草原文化。

纸上得来终觉浅，欲知此事须躬行。

站立河西走廊，青海道在南，草原道在北。和着古道流金的清风序曲寻寻觅觅，山转水亦转，水转路亦转，路转人在转。山水有情，人在路上，一个闪亮的命题犹如黄昏来临时街市上的明灯般次第亮起，由远而近，由模糊而愈发清晰，终及形成了一条阔亮的通道。

当前行的脚步穿越过史册典籍时，突然发现，从祁连山出发的石羊大河以及她的姊妹河黑河、疏勒河，在浩浩荡荡奔向漠北的同时，架起了"丝绸之路""玉帛之路"南道、河西中道和北道交流沟通的桥梁。

长河，是文明的源泉，是文明的使者，是文明的记录者和见证者。

“草原欢迎您”雕塑

守望石羊河

历史学家陈国灿说，在“丝绸之路”上，“河西走廊”像一串糖葫芦，把“河西四郡”串了起来。而武威，就是握着糖葫芦的那只手。历史和地理的千年一逢，让武威成了那只握藏着丰富记忆的历史的大手，让一切的回忆变成了糖葫芦。而作家、评论家李敬泽走过凉州后这样说，武威凉州，是中国人永恒的精神边疆。

戍守在这样的边疆，且行且吟。窃以为，这是一种幸运，亦是一种幸福。

15年前，我还是一个典型的毛头小子。那个时候，正在为“三十而立”的宏伟大业踌躇满志着，可谓一塘鹅黄色的春水。脚步尚未迈出武威本土的我，怀着对家乡固有的本真情愫，以稚嫩的笔触写下了《武威旅游》。那是我严格意义上出版发行的第一本书，善良真诚的本土评家说我以优美的散文笔调绘就了春光无限的武威山水图。由此，也继续燃烧起了我文化苦旅的激情。

在那时想象的世界里，我觉得武威是丝绸古道上挥舞着丝带的亭亭女郎。她祁连山般的头颅高昂着，葱茏草原般的长发飘逸着，千里绿洲般的躯体舒展着，巴丹吉林和腾格里沙漠般的双脚翩跹着，星罗棋布的沼泽闪耀着霓裳的光泽。

而那蜿蜒而来的石羊河，无疑是武威大地的任督二脉。

1 此水何向复何止

我家乃在祁连之南谷水北，

名山咫尺环几席。

十年洗眼看雪山，

剩有心胸沁冰柏。

借问此山何向复何止?

昆仑维首终南尾……

长长的河西走廊,曾经被誉为中国西北的“绿飘带”。由祁连山雨雪冰川融汇而成的石羊河、黑河、疏勒河三大内陆河流纵横其间,使这里成为西部得天独厚的绿洲群。

古老而美丽的石羊大河从祁连山脚下出发,绕过繁华,选择大漠,流经张掖、武威、金昌等4市9县区,在4.16万平方千米的流域面积上,滋润着美丽的西凉大地,孕育了灿烂辉煌的古凉文化,创造了闻名于世的金川镍都,天然阻隔着民勤境内腾格里沙漠和巴丹吉林沙漠的合拢,捍卫着“丝绸之路”的安全畅通。

武威古邑大凉州,物阜民殷岁有秋。石羊河流域的重点属区武威,位于河西走廊东端,是中国旅游标志“马踏飞燕”的出土地。这里东接兰州,南靠西宁,北临银川、呼和浩特,西连新疆,兰新、干武铁路和连霍高速G30线、双营高速、北仙高速、金武高速、金色大道、国道312线贯穿全境。放眼中国交通,武威位于兰州、白银、银川、西宁城市经济圈的中心位置和西陇海兰新经济带的中间地带,是亚欧大陆桥的咽喉位置和丝绸之路经济带的黄金节点,居未来我国北方地区三大综合交通走廊的枢纽地位。几千年来,不管岁月沉沉浮浮,武威都固守着这样的地理位置恬淡地生活着,不冷不热,不喜不悲。而“一带一路”战略的提出和“丝绸之路经济带”的建设,使武威“黄金节点”的区位优势和“手腕”功能进一步凸显,武威,再一次挺立在这条属于历史和未来的大道上。

水，是生命之源，万物之灵。武威深居内陆，地处黄土、青藏、蒙新三大地理景观的交汇过渡地带。祁连山东端及其支脉绵亘于境内南部、西部和东部，隔断为黄河流域及内陆河流域，形成了独立的石羊河流域。在武威境内，黄河流域有大通河和金强河两条支流通过。大通河，从天祝县西南边境流过，境内有9条小支流注入大通河。引人注目的天祝天堂寺就坐落在大通河畔。金强河，发源于祁连山冷龙岭东麓的青峰岭，由11条小沟小河汇流而成，在永登县富强堡以下称为庄浪河。发源于祁连山支脉毛毛山南北麓的龙潭河、黑马圈河、新堡子沙河均属季节性小河。龙潭河从松山滩边缘流入金强河，黑马圈河和新堡子沙河向南流经景泰县入注黄河。

“山水之流，裕于林木，蕴于冰雪，林木疏则雪不凝，而山水不给矣。惟赖留心民瘼者，严法令以保南山之林木，使荫藏深厚，盛夏犹能积雪，则山水盈流；近泉之湖泊，湿地奸民不得开种，则泉流通矣”。连绵雄伟的祁连山，莽莽苍苍，险峻无比。千万年降落的常年积雪积成万世冰川，构成一座巨大的冰川水库，冬积雪，夏流淌，涓涓荡荡于阡陌之间，在大凉州境内自东向西形成了大靖河、古浪河、黄羊河、杂木河、金塔河、西营河、东大河、西大河等八条支流。除了大靖河、西大河外，其余的六支汇聚成内陆河流石羊河，涓涓荡荡向北流去。石羊大河，在捐躯于浩浩荒漠的同时，造就了美丽的武威绿洲。

“谷水流，流到猪野头。”石羊河是怎样流向潴野头的呢？

分析武威的地理特征，这里不仅分布有山地、峡谷、沼泽、盆地和平原，而且还发育着典型的山岳冰川地貌和风碛沙漠地貌。由南向北，从上游开始，顺着石羊河流经的方向，武威大地依次为南部祁连山区、中部平原区和北部荒漠区。

在南部山区，祁连山东段以冷龙岭为主峰，向东延伸经牛

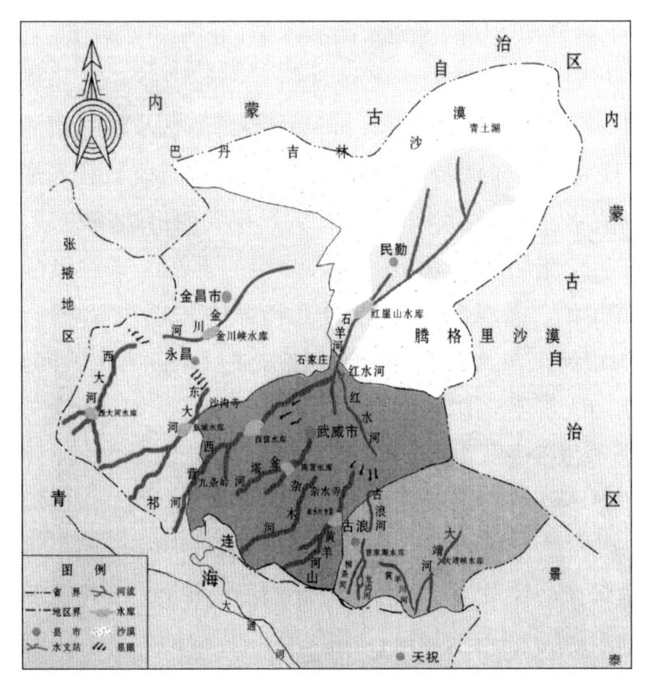

石羊河流域
水系示意图

头山、雷公山、乌鞘岭、毛毛山，成为黄河与内陆河的分水岭；向西接连大黄山、合黎山，成为河西内陆河的黑河水系与石羊河水系的分水岭。在海拔4000米以上，山岭高大雄伟，群山错落，峰峦起伏，山上终年积雪，少量冰川分布其间。在海拔2500到4000米间，有原始森林涵养水源，那是石羊河水系各大河流的发源地。在海拔1800到2500米之间，是南部山区的前山地带，有低山丘陵、山间盆地和山前小平原。

中部平原绿洲区，是河西走廊平原区的一部分。这里东起古浪县大靖、土门一带，西经武威到永昌与山丹交界的焉支山、绣花庙、河西堡一带及民勤县的环河、坝区地带。这里地处祁连山北麓，地形平坦，土壤肥沃，地下水丰沛，沼泽处处，泉源涌流，是流域内人口聚居、社会经济条件优越的绿洲农业灌溉基地，当然也是石羊河流域的精华之地，是武威政治、经济、文化的中心地带。

北部沙漠荒漠区，是巴丹吉林沙漠和腾格里沙漠包围的交汇区。从古浪北部沙漠区开始，一直绵延到凉州东北和东部的八十里大沙、二十里大沙，然后进入民勤，构成了三面环沙的“沙乡”。

在西部合黎山余脉，受外力作用影响，抱圪垯山、独青山、马莲泉山、毛条山、莱菔山和红山等横贯武威北部，构成连续起伏的剥蚀低山丘陵，成为巴丹吉林大沙漠的天然屏障。在南部，龙首山东延的余脉馒头山、红崖山、阿拉古山、青山、头道山等呈条带状断续展布，横贯东延至阿拉善左旗交界的二道山。在民勤中部，孤立分布着苏武山、狼刨泉山、枪杆岭山等剥蚀低山丘陵。在东部毛毛山余脉，向东北蜿蜒有昌灵山，昌灵山余脉伸入到北部沙漠区逐次与民勤和阿拉善左旗二道山遥望。毛毛山向东断续逶迤到景泰老虎山。

由此，在石羊河流域内形成了南、中、北三条东西走向的高、中、低山脉围绕。南部为祁连山东端及其支脉；北部为北大山、雅布赖山、巴音温都尔山及东延的刘家山、独青山；中部为龙首山、东大山、馒头山、阿拉古山等。由其隔阻介于其间的大靖、武威、永昌、民勤、昌宁——潮水等盆地，成为石羊河流域的中心地带、精华地带。

就在这片辽阔的土地上，发源于祁连山的八条支流从南山脚下出发，入川，汇集山区的降水和冰雪融水后，北流，呈扫帚状水系进入永昌——武威盆地，经过山前洪集扇，河道分岔，水流渗入地下；地下潜流向北至冲积扇前缘，出露汇集成红水河、白塔河、羊下坝河、海藏寺河、南沙河、北沙河等泉水河，在民勤县境内蔡旗断面的喇叭口，汇集成滔滔奔流的石羊大河。

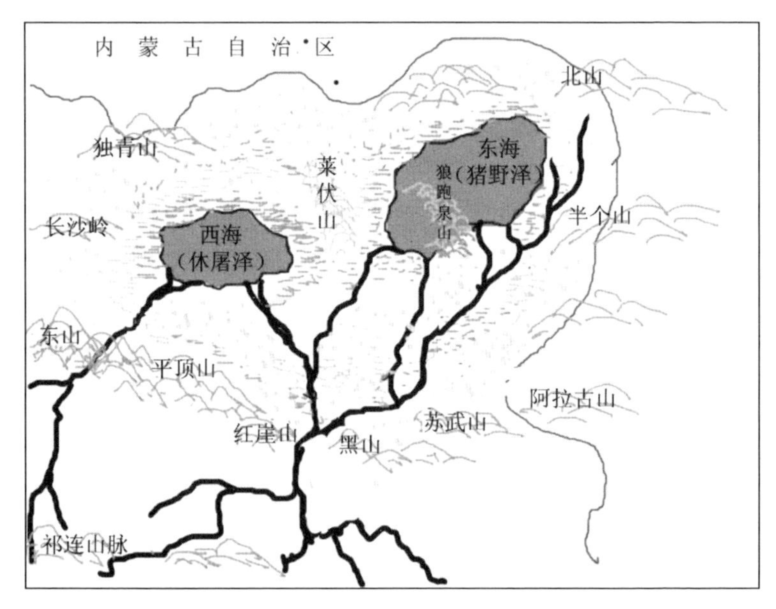

群山环绕的潴野泽

然后，继续北流，绕过红崖山，来到青土湖。在完成300多千米的水之“长征”后，流向巴丹吉林沙漠和腾格里沙漠，天然地阻挡着两大沙漠的合拢。

长河落日圆，大漠孤烟直。悠悠石羊河向北流去，经历了林木苍翠、流水潺潺的高山美景，造就了泉水汩汩、湖泊遍布的绿洲丰水，形成了水天一色、水丰草茂的瀚海风光。十二大湖、四大名滩，留记着石羊河的盛世繁华。长河流过，一条支流就造就了一条古道。人们溯源而上，从南山的这一边穿越到南山的那一边，从河西到青海，到宁夏，“丝绸之路”的中道和南道便以水为媒实现了沟通。人们顺流而下，走过沼泽，涉过流沙，从平原走向草原，走向漠北，走向蒙古高原，便实现了“丝绸之路”中道和北道的连接。

长河奔大漠，天堑变通途。

② 千年长河尽悠悠

人类的第一行脚印，总是离不开湿漉漉的河面。水的形态决定了人类文明的形态。有什么样的流域，就会有什么样的地域文明。青青祁连山下，悠悠石羊河向北流去。当地的人们说，祁连山是父亲山，石羊河是母亲河。此山与此水的相遇，造就了独特的石羊河文明。

《汉书·地理志》记载，武威郡姑臧县注："南山，谷水所出，北至武威入海，行七百九十里。""谷水流，流到潴野头。""远游武威郡，遥望姑臧城"。凉州，又称姑臧。姑臧有河，史书上就称之为姑臧水或谷水。这"谷水"，就是石羊河。

距今四千多年前，大禹疏导九川，武威地区就有了初创的原始水利。早在新石器时代，甘肃河西地区三大内陆河之一的石羊河水天一色，碧波荡漾，先民们在这里刀耕火种，狩猎捕鱼，用他们的智慧创造了灿烂悠久的历史文明。春秋战国时期，石羊河畔已成为西北各个游牧民族活动的场所。先后在这里生活过的羌、戎、月氏、乌孙和匈奴等氏族部落，利用丰美的水草条件，逐水草而事游牧。

《尚书·禹贡》里说，石羊河"原隰底绩，至于都野。(禹)而并其上源(即黄羊河)而治水。后洪水漫溢为患遂待削减。"石羊河向北流去，在红崖山南部形成了武始泽，在北部形成4000平方千米的终端湖潴野泽。"碧波万顷，水天一色"。这是史书对她最早的记载。这"都野"就是"潴野"，这是我们能见到的有关潴野泽的最早记载。

逐水而居的游牧民族看中了这个秀美的天然牧场。于是，石羊河两岸便狼烟四起，铁蹄纷沓，上演着一幕幕悲欢离合的故事。石羊大河记住了西戎、小月氏、匈奴休屠王等到来和走过的身影。人类的脚步走过，便为今天的武威留下了马家窑文化、齐家文化、沙井文化。

汉朝真正建立的时候，继承的是大秦的基业。遥远的河西，并不在汉王朝的掌控之内。当匈奴赶走了大月氏，西域二十六国都归依于匈奴。匈奴，成了河西走廊上的一支劲旅，也成了汉武大帝开疆扩境的最大障碍。由于匈奴族的首领为休屠王，石羊河流域的古终端湖就被叫做休屠泽。《汉书·地理志》里同时记载，"武威有休屠泽，古文以为潴野，东北流入白海。"这段记载告诉我们，潴野泽又名休屠泽。这白海，就是后来人们所知道的白亭海。那么，在更远古的时期，潴野泽叫什么名字，现在已无人知晓，无史可考。

经过半个多世纪的辛苦经营，大汉王朝终于迎来了扬眉吐气的时代。汉武帝建元二年，博望侯张骞的"凿空"探险行拉开了序幕。无数驼铃遥过碛。张骞一行出长安，至陇西，进入河西走廊，辗转多年后回到了长安。他没有达到联络大月氏夹击匈奴的目的，但他带给汉武大帝的西部之奇物和悬念，尤其是那匹神马，使一代帝王下定了打通河西走廊通道的决心。

元狩二年春，名垂史册的骠骑将军霍去病带着一代帝王的宏愿，挥师西来，"讨速濮，涉狐奴，历五王国"，霍去病出陇西，逾过庄浪河，涉过石羊河，历五王国，转战六月，劲战河西。同年夏，霍去病再次吹响祁连山大战的号角。是年秋，浑邪王杀休屠王率部降汉。汉兵驱匈奴于漠北，西域疆土终归汉室天下。汉天子陆续在此建得武威、酒泉、张掖、敦煌四郡，史称"河西四郡"。霍去病趟过的狐奴河，就是今日的石羊河。

史家说，这是一场开疆拓土、扫除匈奴的战争。狐奴河畔，刀光剑影映红了凉州；血色黄昏中，天马从西域踏风而来，在武威定格成了永恒的瞬间。

面对遥远的姑臧凉州和刚刚设立的武威郡，面对开通西域的战争取得的战果，汉武大帝抑制不住内心的喜悦，雄迈地吟出了那曲《西极天马歌》："天马徕兮从西极，经万里兮归有德。承灵威兮降外国，涉流沙兮四夷服。"

"欲保秦陇，必固河西；欲固河西，必斥西域。""丝绸之路"的开通，使武威成了河西政治、经济、军事、文化的中心。但是，其时的河西地广人稀，"无城郭常居耕田之业"，一切军需物资依赖内地转运，"缮道馈粮，远者三千，近者千余里"，既加重了内地负担，又不能满足前线之急需。为了解决"千里馈粮，士有饥色"的矛盾，使西北长治久安，确保安全，也为了防止匈奴再度入侵和羌人骚扰，确保"丝绸之路"畅通，大汉天子旌旗猎猎，在河西大地上置郡建县，匈奴人的祁连牧场上迅即拉开了边防驻军与移民在这里最早的屯垦。就在那个时候，关东、中原内地的60余万人，从长安出发，趟过黄河，翻越乌鞘岭，穿过古浪峡，来到了谷水浩浩、风吹草低的美丽草原上。他们，拉开了历史上第一次对石羊河"大开发"的序幕。从中原跋涉而来的人们围着谷水筑坝开渠，分渠引水，改造良田。《史记·河渠书》上记载，"自是之后，用事者争言水利。朔方、西河、河西、酒泉皆引河及川谷以溉田"，这里已述及斥塞卒、设官田、驻军屯田之事。由此，《汉书·地理志》上便留下了"地广民稀，水草宜畜牧，以故凉州之畜为天下饶。谷籴常贱，少盗贼，有和气之应，贤于内郡"的记载。到了东汉建武八年，"姑臧称为富邑，通货羌、胡，市日四合，每居县者，不盈数月，辄致丰积"。

魏晋南北朝时的石羊河旁，古木参天，水草丰美，可耕可牧，实为富饶之地。郦道元的《水经注》中，石羊河、白塔河被称为马城河、五涧水。西晋时期，石羊河流域各河流随石羊河名，统称“谷水”“南山谷水”等。

“晋史传韬略，留名播五凉。”著名历史学家陈寅恪先生说，此偏隅之地，保存汉代中原之文化学术，经历东汉末、西晋之大乱及北朝扰攘之长期。能不失坠，卒得辗转灌输，加入隋唐统一混合之文化，蔚然为独立之一源，继前启后，实吾国文化史之一大业也。十六国时期，汉族张轨在此建立了前凉，氐族吕光建立了后凉，鲜卑族秃发乌孤建立了南凉，匈奴族沮渠蒙逊建立了北凉，加上汉族李暠建立的西凉，武威从此冠上了“五凉古都”的美誉。“五凉古都”在石羊河水的孕育下，开凿了源源不断的“文化运河”，吸纳了西域文化，保护了中原文化，发展了华夏文化。

“秦川中，血没腕，唯有凉州倚柱观。”前凉时期，中原大乱，凉州独安。石羊河畔，“中州避难来者日月相继”。他们不仅带来了中原先进的文化科技，也带来了魏晋的传统遗风。史书上说，“永嘉之乱，中州之人士避地河西，张氏礼而用之，子孙相承，衣冠不坠，故凉州号为多士。”

在140多年的五凉史上，以龟兹乐为代表的西域文化向着东南走来，她们在石羊河畔歇歇脚，吸一口新鲜的空气后，继续向中原走去；中原的大批人才怀着背井离乡的惆怅和悲怆向着西北的凉州走来，他们畅饮着石羊河水，抒发着忧国思乡的心情，挥洒着江南士子的情怀。石羊河，就在这样的吸纳中保护、丰富着华夏文化。正是石羊河的兼收并蓄，孕育出了像著名诗人阴铿这样的杰出人才，以至于杜甫评价李白之诗时还说：“李侯有佳句，往往似阴铿”。

《资治通鉴·宋纪》上有一段精彩的记述。“时河西王沮渠牧犍心怀二意，魏主欲讨之。尚书古弼李顺皆曰：自媪围水以西至姑臧，地皆枯石，绝无水草，不见流川。人言姑臧城南天梯山上，冬有积雪，春夏消液，下流成川，居民引以灌溉。环城百里，地不生草，人马饥渴，难以久留。崔浩曰：汉书地理志称：凉州之畜为天下饶，若无水草，畜何以蕃？汉人终不于无水草之地筑城郭建郡县也。且雪之消液，仅能敛尘，何得通渠灌溉乎？遂发兵讨之。至姑臧城外，水草丰饶，如浩所言。九月，河西王沮渠牧犍率其文武五千人归降，北凉遂亡，历三主四十三年。”

自晋历唐，凉州城半城水泊半城楼，水木嘉华，驰名塞北。唐时，凉州大地“闾阎相望，桑麻翳野，天下称富庶者，莫如陇右”。《太平寰宇记》中记载到：土弥干川水是唐王朝以前武威灌区命名最早的水源。土弥干川，就是今天的西营河。至武则天长安年间，凉州出现了“牛羊被野，路不拾遗”“边城晏闭，牛马布野”的太平景象。据唐史记载，凉州屯田连年丰收，一匹绢可以换取几十斛麦子，所积军粮可支用几十年，农民尽其水陆之利而竭力生产，使得庄稼得以丰收，天下富庶无如凉州。盛唐时期，“河西、陇右三十三州，凉州最大，土沃物繁，而人富其地”。 诗人元稹在《西凉伎》中也吟出了“吾闻昔日西凉州，人烟扑地桑柘稠”的诗句。与之相应，石羊河流域再一次迎来了大规模的开发。被叫做白亭河的石羊河的大部分支流也从长流水变成了季节河，水量较大的东海都野泽再次缩为东西二湖，西湖就是人们熟知的白亭海。

宋时，凉州为西夏占领。据《宋史》记载，西夏境内“耕稼之事，略与汉通。”《金史·西夏传》载，“甘、凉亦各有灌溉，土境虽小，能以富强，地势然也。”《宋史·夏国传》中同样记载到，“甘凉之间，则以诸河为溉。”“故灌溉之利，岁无旱涝之虞。”“其地饶五谷，尤宜稻麦。”武威凉州，遂成了西夏的重要粮仓。《西夏书事》中说，“得西凉则灵州之根固，况其府库积聚，足以给军需，调民食，真天府之国也。”

公元1227年，蒙古族灭西夏建立元朝，武威重新归入中原版图。元廷虽对水利有过一些建设。但是，由于此时海上“丝绸之路”兴起，石羊河流过的陆上“丝绸之路”已失去往日的兴盛。一位叫马端临的史学家说，河西自唐中叶以后，一沦“异域”，顿化为龙荒沙漠之区，无复昔之殷富繁华矣。

“问我老家在何处，山西洪洞大槐树。”明朝在石羊河旁又一次实行军屯民屯，发展农业，兴修水利，茶马互市。《明史·食货志》上记载，“河西十五卫，东起庄浪，西抵肃州，绵亘近两千里，所资水利，多夺于势豪，宜设官专理，治屯田佥事兼之。”说明当时的水利被有权势的豪门所把持。朝廷把水利从豪强的手里夺回，设立专门机构，纳入屯田，统一管理。

《读史方舆纪要》中记载，明朝在武威以黄羊、杂木、金塔、西营四条河流为主，形成了32条灌溉渠道，其中黄羊川山口涧7条坝、杂木山口涧7条坝、金塔寺山口涧12条坝、土弥干山口涧6条坝，“春首农兴，雪消冰释，渠坝分流，灌溉田亩”，已初步形成了农田灌溉系统的雏形，遂有了“金张掖，银武威”的民谣流传。在这个时候，武威绿洲快速开发，农田水利更具规模，“武邑六渠”的灌溉体系基本形成。面对凉州之水，张昭美反复赋诗咏叹道，“玉塞万年凭作障，泉源六出各成溪。”“未便屯膏空积素，融流分润六渠宽”。

清朝雍正年间，甘肃巡抚陈宏谟檄各县修渠道以广水利时陈言，“河西凉、甘、肃等处夏常少雨，全仗积雪融流，分渠导引灌田、转磨，处处获利。渠水所到，树木荫翳，烟村胪列，否则一望砂碛，四无人烟。此乃天造美利，较之他省浚泉开井，利

晨曦中的石羊河

溥法便?”陈宏谟要求整修渠道,严格水规,由专人管理。嘉庆年间,武威学者张澍考察甘肃水利,以为“甘肃之急莫于兴修水利。”他曾对凉州府属之六渠做过详尽的叙述:泉源由天梯山南把截口出者为金塔渠,由杂木寺山口出者为杂木渠、大七渠,由白岭山口出者为永昌渠、怀安渠,由水峡口出者为黄羊渠。乾隆《五凉全志》中多次记载,“凉州府郊之武威,今之要县、古之要郡也,田肥美,民殷富。”“武邑六渠,有利无患”。

清朝,石羊河畔继续响起移民充实边疆、开荒大军挺进西部的号角。石羊河流域,从此由农牧交错区基本变为农垦区,潴野泽分解的湖泊沼泽相继干涸成陆,变为绿洲。白亭海也逐渐分成青土湖和小白亭海等几个较小的湖泊。在明朝洪武年间,下游民勤境内还是上耕下渔的景象,白亭海、昌宁湖、青土湖等湖泊处处,湿地遍布。到了清朝末年,因为下泄民勤水量减少,水事纠纷不断。从石羊河上游到尾闾,三百多年间的争水纠纷从未间断。于是,石羊河畔出现了水史上的“红牌断案”。

所谓红牌断案,就是规定每年初春日,由全县总水佬及行政首长召集六渠大水佬参加水利会议。会后,各河水规开始生效,六渠各坝、沟即可按水规开闸轮灌。入冬,山水量减,灌溉轮期已过,水规即失效,水流入民勤,至次年红牌启正日。红牌定案做到了渠口有丈尺,闸压有分寸,轮浇有次第,限期有时刻。

清末以来,凉州水源日趋衰竭;民国初期,武威全境已无经常不息之河流。新中国成立后,面对日益减少的水源和荒芜破败的水利现状,武威被列为全省农田水利建设的重点县,开展了大规模的农田水利建设。中小型水库建设、打井提灌、渠系配套、平田整地成为农田水利发展的重点工程。武威,也逐渐成了全国重要的商品粮生产基地。

新中国建立初期，石羊河畔设立武威专区，辖永登、景泰、天祝、古浪、永昌、民勤、武威七县。此后行政辖区多次发生变动，1950年撤销张掖专区，将张掖、民乐、山丹三县划入武威专区。1955年撤销酒泉、武威专区，合并为张掖专区。1962年张掖专区又分设张掖、武威、酒泉专区。1970年将永登县划归兰州市管辖，阿拉善右旗划归武威专区。1979年将阿拉善右旗划归内蒙古自治区。1981年8月设立金昌市，把永昌县划出，到1985年又将景泰县划归白银市。石羊河的八条支流，在这区划的调整中默默地浸润着这片土地，孕育着与时俱进的石羊河文明。

20世纪初期，石羊河的尾闾青土湖还有大约120平方千米的水域面积，依稀可见芦苇丛生、碧波荡漾的美景。20世纪40

复活了的青土湖

年代末，水域面积退减为70余平方千米。20世纪70年代，国家出版的五万分之一的地图上已经没有了青土湖的地名。

翻阅河西水利史资，清代以来关于凉州、民勤、永昌三县区用水的判案文、告示、碑文可谓连篇累牍。新中国成立以来，地方政府和水管部门也曾为之签订过许多的协议和调解。遥想曾经可“处处获利”的石羊河，这些水利文献的存在，无言地向人们昭示着：石羊河的水太少了，已经无法满足上下游人民群众正常的生产生活需要。“水荒”，终将造成人水的不和谐，社会的不和谐。

独怜遗香消亡后，大泽苍茫一望空。人类的文明史沿着河流不断传承，人类的河流沿着历史的发展兴衰交替。其实，一部石羊河水的变迁史，就是一部武威的兴衰史。一段段波澜起伏的历史事件，都是与水有关的故事。历史的石羊河，就这样走过一段段旅程。

❸ 问水西凉多沧桑

任督二脉通，则八脉通；八脉通，则百脉通。石羊河流域的复兴，意味着“丝绸之路”的复兴。

几千年岁月悠悠，石羊河流域经历了狩猎文明、游牧文明、农耕文明，创造了商业文明，迎来了工业文明。几千年浮云悠悠，石羊河在创造了武威文明的同时，也产生了一系列的生态危机。

1998年版的《武威市志·水利篇》开宗明义：“武威绿洲，依靠祁连山冰雪融水和降水浇灌农田。没有祁连山的水源，就没有河西的农业。因此，广大劳动人民惜水如命，付出了艰辛的劳动。”然而，受全球气候变暖的影响，从20世纪50年代到21世纪初，祁连山冰川萎缩，雪线上升，石羊河流域的平均来水量逐年减少。昔日石羊河中下游绿洲地区200千米长的弧线上涌泉处处，目前现存已不足2亿立方米。昔日石羊河流域水源涵养区森林茂密，水资源充沛；现在石羊河流域上游祁连山主流区植被覆盖率降低到40%左右，水土流失面积达到900余平方千米，占土地面积的29%。

地处石羊河流域中上游的凉州区，属于典型的大陆性干旱气候，年均降水量为160毫米，而蒸发量高达2020毫米。凉州，成为石羊河流域人口最多、密度最大、水资源最缺乏、用水矛盾最突出、生态环境最脆弱的地区之一。

当下游民勤叫渴的同时，上游凉州同样面临着缺水的危机。当下游民勤人民踏上漫漫寻水之路的同时，上游凉州儿女同样发出了关于水的拷问：沧海横流，水从何来？

问水石羊河

面对水资源的短缺，人们首先想到的是修建水库。从20世纪50年代开始，人们陆续在石羊河上游的8条支流上修建了皇城滩水库、西大河水库、西营河水库、南营水库、黄羊河水库、十八里堡水库、曹家湖水库、大靖峡水库等8座水库。在中游修建了红崖山水库、金川峡水库等。无疑，这些水库对提高水资源利用率、扩大灌溉面积发挥了积极的作用。但由于水资源的调度使用和蒸发渗漏等原因，经石羊河流入民勤的地表水水量逐年减少，流域尾闾湖泊均已不复存在，各个湖泊都已变成荒漠。

地表水不够了，人们就想到了开采地下水。浅层地下水抽完了，就打深井、超深井。超采地下水的结果，一方面使下游地区地下水矿化度以每年0.1克／升的速度增长，超过了农田灌溉用水水质标准。苦咸水面积由民勤湖区扩展到泉山区，全流域盐碱地面积达到11.33万公顷。水质恶化，又给人畜饮水带来了困难。另一方面，由于地下水位持续下降，湿地湖泽干涸，导致全市荒漠化面积达到8654.8平方千米，并以平均每年3～4米的速度向绿洲推进，出现了严重的生态危机。

于是，人们又想到了从域外调水。1995年11月，甘肃省启动景电二期延伸向民勤调水工程。从2001年3月开始，历时5年建成的景电二期工程民勤延伸调水工程设计每年向民勤调水6100万立方米。10余年来，宝贵的黄河水经过200余千米的长途跋涉，通过红水河注入石羊河，一同滋润着干渴的民勤大地。但由于从200千米以外的黄河调水成本过高，实际上每年调入民勤的水只有4000万立方米，效果不尽如人意。

面对用水量的急剧上升，人们也想到了衬砌干支渠节流的办法。但带来的问题是，渗漏减少使地下水难以得到有效的补充。

石羊河流域的儿女们在兴水的征途上不懈探索着……

1993年5月5日，这是一个黑色的日子，因为一种苦难而让人们铭记。这一天，百年一遇的黑风暴突袭河西。这场黑风暴造成直接经济损失5.6亿元，死亡85人，失踪31人。

残酷的现实，摆在了武威人民的面前。石羊河下游的民勤县，昔日水草丰美、可耕可渔，现在黄沙漫舞、水荒告急，变成了沙尘暴策源地，成为全国最干旱、荒漠化最严重、水资源短缺最突出的地区之一。这里，已敲响了将成为“第二个罗布泊”的警钟！

因水而兴，因水而困，因水而治。这是科学的发展观。

有水就是绿洲，无水就是荒漠。这是现实的结论。

公元2006年2月25日，甘肃省人民政府在石羊河畔隆重举行石羊河流域重点治理暨应急项目启动大会。香港《大公报》记者报道说，这个日子将会以一项关乎生存与发展、人与水相协调的项目的启动而永载史册。

2007年，总投资达47.49亿元的《石羊河流域重点治理规划》经国务院批准实施，《规划》提出了“生态恢复、农民收入增加、经济发展、社会和谐”的宏伟目标。

“红日初升，其道大光；河出伏流，一泻汪洋。”

为了大地的丰收，为了母亲河的微笑，武威市坚持地下水、地表水和天上水齐抓，大做“水”文章。黄河西流润沙乡，石羊欢唱黄河水。景电二期民调工程五百里征程情牵绿洲，八千万甘露福泽民勤。向天要水泽绿洲，人工增雨洒甘霖。气象部门积极开展人工影响天气作业，不断增加流域水资源总量。全民节水护屏障，武威市全力建设节水型社会。

面对风沙的侵袭，一代又一代的武威人民在长达408千米的风沙线上顽强地抗击着风沙的侵袭，涌现出了像石述柱、沈嘉道这样的一大批治沙英雄。龙王庙里降“龙”、老虎口上伏

"虎"、三角城下固流沙、青土湖畔阻合拢……现代作家、诗人闻捷感叹道：民勤人民，在这里筑起了绿色的长城！

武威市紧紧围绕建设国家级生态安全屏障综合试验区，持续推进生态文明建设。干涸51年之久的青土湖形成了22平方千米水域面积。在腾格里沙漠边缘的夹河乡黄案滩自然封育区，齐腰的芦苇枝繁叶茂，随风摇曳，一眼望不到边；一团团红柳郁郁葱葱，生机勃勃；一排排沙枣树新抽的枝条密密匝匝。顺着潺潺的流水，穿过芦苇荡，一眼眼清凉透彻的自流井展现在眼前，仿佛在欢唱着大自然的生命之歌。

过去的天祝、古浪，由于干旱和过度放牧，山梁黄土裸露、草地退化。如今草木旺盛，野鸡出没，多年不见的一些动物又回来了。山区的水源涵养功能凸显了出来，降雨量充沛，植物生长茂盛。

石羊河放弃了繁华，选择了大漠，孕育了平原绿洲，养育了武威人民。石羊河的儿女，在尊重河流伦理生命的同时，以感

和作家冯玉雷考察石羊河

恩的心佑护着母亲河。

这是一条佛光之河。

有着“中国石窟之祖”之称的天梯山石窟，偎依在黄羊河的怀抱里。作为西藏归属祖国版图历史见证地的白塔寺，紧靠着杂木河。“凉州四部寺”的金塔寺、海藏寺毗邻着金塔河；莲花山寺紧靠着西营河。在石羊河流域，既有罗什寺、大云寺这样的都市型佛教建筑，亦有莲花山寺、杂木寺这样的山林型佛教建筑，更多的还是湖泊园林型佛教建筑。他们，无形而充分地体现着中国佛教寺院人间化的、自然和谐的、富于诗意的、平易亲切的文化特征。

“上善若水，厚德载物。”石羊河一路走来，一路风光。历史在水里书写，文化在水里流淌。其实，山川河流的行走，本身就是一种智者、仁者自我升腾的生活方式。

这是一条文化之河。

一部倾国倾城的“国乐”《西凉乐》，一首传唱千古的《凉州词》，她们在石羊河畔的武威沃土上生根发芽，走向辉煌，在华夏文化史上相映成两束奇葩。几千年来，人们在石羊河两岸行走，《凉州词》在石羊大河里行走。这里的山水孕育了《凉州词》，《凉州词》将这里的山水永恒地定格。

当“丝绸之路”的文明造就凉州的荣光与梦想时，武威凉州成了历代文人墨客挥之不去的梦想。于是，王维来了，岑参来了，于右任来了，还有杜甫、白居易、高适、元稹、王之涣、李益、王翰、张籍……这些在中国文化史上彪炳千古的大师，他们或走过凉州，或畅想凉州，他们哪一个没有走过石羊河，没有品味过凉州葡萄名酒，没有欣赏过凉州城头的明月呢？哪一个又没有留下关于武威、关于凉州的吟唱呢？

诗圣们的吟唱，将凉州从古唱到了今。诗圣们的吟唱，唱得凉州天空诗意冉冉，唱得汉唐雄风深深地凿刻在了凉州深邃的时空里。

雄心一片在西凉。2007年以来，我难计其数地走过石羊河。看着她的改造，想着她的过往，沉痛着她的蜕变，畅想着她的复兴。走过，念过，一如子规啼血般地不懈吟唱。追史，记事，议是，赋诗，希望能够忠实地纪录一条河流，希望能够引起人们的反思和惊醒，希望能够在声声祈祷中早日实现河与人的轮回。在问候山、问候水、问候大漠、问候绿色的真诚、痛苦与欣慰中，守望着西凉，守望着石羊河，期待着新曲杨柳枝在石羊河畔再次响起。

趟过石羊河水

云锁乌鞘岭

“乌鞘雨雾乱云飞，汉使旌旗绕翠微。”横亘于县城中部的乌鞘岭，记载着天祝金戈铁马、分离聚合的历史，亦记载着长河奔向大漠的前生今世。

2014年6月，作家、《丝绸之路》杂志社社长冯玉雷兄带领“玉帛之路”暨齐家文化考察团的成员们路过乌鞘岭，曾有过短暂的停留。冲上那“下有鲜花上飞雪”的半坡草甸，叶舒宪老师兴味盎然地寻找着汉唐遗留的一砖一瓦，欣赏着闲淡的流云；易华先生尽情地呼吸着“天然氧吧”里清新的空气，率性地坐在草甸上入定祈祷；冯玉雷一直凝望着蜿蜒于山野间的长城废墟，思忖对证着古道走向。由于时间匆匆，来不及进行深入的考察，便带着遗憾归去。

缘去缘来，因着万里长城，因着乌鞘岭终是“玉帛之路”“丝绸之路”上一个绕不过的门槛，在促成“2015年草原丝绸之路”“玉帛之路”考察活动之前，我和冯玉雷先行走进乌鞘岭，进行一场零距离的触摸和阅读。

❶ 诗意天祝山水秀

在数千年的行走中，武威所辖的天祝、古浪、凉州、民勤四县区形成了各自的地域文化认同。有人曾这样归纳，天祝是草原圈，有着诗人般的美；古浪是山地圈，有着文学般的美；凉州是绿洲圈，有着哲学般的美；民勤是大漠圈，有着数学般的美。在这样的文化圈中，天祝尤为神秘。天祝是首，山是头颅，林是秀发，佛是智慧的光芒。

悠悠丝绸路上，巍巍祁连山下，天祝藏族自治县犹如一颗神秘的明珠，镶嵌在青藏、内蒙古、黄土三大高原的交汇地带。

这里地处河西走廊东端，南接永登，东靠景泰，北邻武威，西北与肃南接壤，西与青海毗邻，成为沟通“丝绸之路”“玉帛之路”青海道与河西道不可逾越的一个重要节点。

在逾7100平方千米的天祝土地上，从莽莽雪山下到苍翠林海边，从丰美的草原到滔滔的河流旁，祖祖辈辈的人们讲述着一个英雄的传说——

阿妈对他的孩子说，我们脚下的这块土地，藏族叫“华热哇”，意思就是说这是个英雄的部落。阿妈说，很早以前，居住在很远的巴颜喀拉大雪山下有藏族兄弟俩，哥哥叫阿秀，弟弟叫华秀，他们都是部落的首领。由于遭受天灾人祸，他们率领全部的人马先后离开故乡，来到了安多藏区一带。弟弟华秀带领的那个部落，最后来到了大通河流域。他看到这儿水草丰茂，景色秀美，就定居了下来。这就是今天我们的家。

阿爸对他的孩子说，吐蕃王朝在青藏高原崛起后向外扩张的时候，有一支十分英勇善战的军团，他们在河西驻守了190余年。但是由于没有接到藏王允许返回的命令，只好原地待命。时间长了，他们就脱下武装为庶民，进入祁连山区，在这里安家了。后来，就形成了今天我们的民族。

伴着一个个优美的传说，一个历史的天祝、英雄的天祝、美好的天祝向着世人款款走来。四千多年前，以彩陶为代表的中原文化一站一站地向西传播，越过天祝高原，进入河西走廊，沿着天山到达了中国的西部地区。与此同时，以玉石、青铜为代表的西域文化也由西向东进行着交汇式的扩展。在这伟大的交汇中，天祝先民们较大规模地进入了文明生活的前夜。

《天祝县志》上记载，新石器时代以来，这片土地上就有古人类活动的遗迹。距今四千多年前，天祝先民就在这里狩猎游牧，繁衍生息。战国以前，这里为西戎驻牧之地；秦为羌戎、月氏之地。在天祝县博物馆，有一个泥质红陶、敞口平唇、细颈折肩、黑彩上加绘白彩的彩陶，那是马家窑类型彩陶中比较少见的文物。而创造马家窑文化的原始居民当是戎、羌族系的祖先。2015年8月，因为陇原大地上如火如荼开展的“联村联户，为民富民”行动，我来到了天祝县东坪乡扎帐村。东坪乡本与永登县、青海互助县毗邻。在与当地群众的攀谈中，得知就在这座大山里面，在这里的扎帐村罗家湾社、平山村小沟社等地，人们发现了马家窑时期的文化遗存，并频繁出现了盗掘行为。利用午休的时间匆匆前往，在群山环绕的罗家湾一处路旁的平台上，见到了人们提及的马家窑文化遗址。山下，人们叩响大山，开采着石英石、硅矿。

武威市考古研究所研究员苏得

东坪乡马家窑文物遗址

华说，羌戎，羌实际上是游牧民族，戎是农耕民族，羌戎是个历史概念。它在这一带活动的历史很悠久，一直到了隋唐这个时期。这说明，天祝的土著民族就是羌戎。秦末汉初，匈奴在这里过起了“逐水草而迁徙”的生活。

元狩二年春，骠骑将军霍去病开通“丝绸之路”。随之，物阜民殷的大邑武威成了河西政治、经济、军事、文化的中心，而地扼东西、势控河西的天祝成了“丝绸之路”的重要通道，河西走廊的要塞门户。汉时，天祝属金城郡令居县，盛唐时属广武县。唐代宗广德二年，吐蕃从青藏高原崛起，进入河西走廊，长达九十多年。“眼穿东日望老云，肠断正朝梳汉发。”公元848年，沙州人张义潮举兵起事，收复河西诸州，天祝属陇右节度使管辖。唐代后，天祝逐步形成了以吐蕃为主体民族的多民族聚居地。

五代至宋初，天祝为凉州六谷蕃部之地；大宋年间，华锐大地上又迎来了另一个少数民族——党项族，“地饶五谷，尤宜麦稻”且“畜牧甲天下”的天祝为西夏所占。元、明以来，天祝县一直实行政教合一的制度。1936年，国民政府取藏传佛教寺院天堂寺与祝贡寺二寺首字“天祝”为乡名，成立天祝乡，这是天祝之名在历史上首次出现。1955年，这里成立了新中国第一个少数民族自治县——天祝藏族自治县。

仁者爱山，智者乐水。天祝是一个有着千山万水的世界。“马齿天成银作骨，龙鳞日积玉为胎。”位于县境西南部的马牙雪山是藏族人民的神山、圣山，山脚下是绵延10余千米的茵茵草场。位于县境西北角的大雪山，无疑是天祝大山之王。这里四季白雪皑皑，终年不化，银光闪烁。从大雪山走出的五支山系犹如伸开的五指，托起一个秀美的天祝；著名的大山曲隆岗嘎尔峰终年银装素裹，气势雄伟；与之不远的姊妹峰扎西却隆峰紧裹玉衫，以威武之躯屹立于天地之间；耸立于莽莽林海中的阿尼万智峰拔地而起，壮丽非凡；巍巍磨脐山率领着七辆草车、一条青龙浩浩荡荡向天梯山进发；横亘于县城中部的天然屏障乌鞘岭上，汉、明长城蜿蜒西去；毛毛山犹如苍龙卧地，昂头拱背，蜿蜒东伸。群山林立间，天祝“石门”固守着通往青海的通途。在这里，有始建于明崇祯初年的石门寺。清顺治九年，五世达赖进京途中曾到石门寺讲经；康熙六十年，六世达赖仓央嘉措曾来这里任过法台。穿过石门沟，翻越五台岭，可达由金沙峡、朱岔峡和先明峡组成的“天祝小三峡”。穿过金沙峡往西，坐落着比拉卜楞寺还要早八百多年的天祝天堂寺。这里有堪为“世界之最”的木雕镀金宗喀巴大佛像，乾隆皇帝的国师章嘉若贝多吉和土观却吉尼玛曾在这里接受启蒙教育。在她的身边，甘青交接处的大通河缓缓流过。今天，一

天祝风光

条名为“天(祝)互(助)”的公路在有着几千年沉淀的古道上再次铺就,成为联通河西走廊与青海的一条现代化快速通道。

依山傍水而居的藏族人民,自古以来对雪山就怀有十二万份的崇拜和敬仰。一座座雪山,就是牧民崇尚的一座座神山。而在绵延起伏的十万大山间,又布满了天然草原和原始森林。如果说,重峦叠嶂的群山是天祝的血肉之躯,那么,辽阔的草原和苍茫的林海就是天祝绿色的盛装,奔流不息的大河小溪便是日夜流动的血液。从一片片山坡至一条条沟谷,从莽莽丛林到广袤的平滩,流水潺潺,碧草丰美,满山满野都是一个绿意盎然的诗意王国。

在乌鞘岭与冷龙岭之间,青青祁连山数百里长的水源涵养林区宛如一条青黛色的玉带缠绕着皑皑雪山。她们,是这一带大小河流的发源地,也是平衡生态、调节气候的“绿色水库”。

当地的人们说,祁连山是父亲山。正因为有了这样的父亲山,才有了养育万物的母亲河。

❷ 高慷迂回洪池岭

凉州的六月不算太热,清晨的阳光温和地抚摸着大地山川。从凉州出发,通过连霍高速前往古浪峡。和玉雷兄相约在古浪“金三角”那个安放着“昌松瑞石”的入市口广场见面,然后结伴前往乌鞘岭,寻访隐没在高山之间的古长城。

乌鞘岭,东西长约17千米、南北宽约10千米,南临马牙雪山,西接古浪山峡,岭南有滔滔的金强河与水草丰美的抓喜秀龙草原。乌鞘岭,藏语称为哈香日,意为和尚岭。文献出现乌鞘岭的名字,不知始于何时。据《资治通鉴》记载,东晋太元元年（376）八月，前秦将梁熙、姚苌等攻前凉，“天锡又遣征东将军掌据帅众三万军于洪池”。那时此地被称为洪池岭。唐在这里设洪池府，又设乌城守捉，驻扎重兵。清代多称乌梢岭，也称无事岭；民国时有称乌沙岭的，还有称乌苏岭的。念及“乌鞘岭”，总是联想到“英雄剑出鞘”的豪迈与悲壮。而那“乌”，更抹上了一缕凝重与悲情。

其实，翻越乌鞘岭，的确会有如此莫名的心情油然而生。这样的心情，也许缘于这里“炎天飞雪”。《古今图书集成》职方典第577卷说，“乌稍岭在（庄浪）卫北一百三十五里，路通甘肃，盛夏风起，飞雪弥漫，寒气彻骨。”历代名人张鹏、杨惟昶、林则徐等途经乌鞘岭时，都有着各自不同的感受，都情不自禁地作诗抒怀。有高亢，也有迂回。林则徐在《荷戈纪程》中说：道光二十二年（1842），“八月十二日，……又五里乌梢岭，岭不甚峻，惟其地气甚寒。西面山外之山，即雪山也。是

山路弯弯

日度岭，虽穿皮衣，却不甚（胜）寒。”风萧萧兮易水寒。自古以来，寒山、寒水、寒气，寒烟，总是孕育诗意、禅味、英雄气的物象。爬跃在盛夏飞雪、寒气砭骨的乌鞘岭，那寒了的，不只是天，心亦寒。

这样的心情，也许缘于这里“两水各西东”。清末官甘肃提学使俞明震在大雪中登上乌鞘岭，曾赋诗一首。诗中说，“古浪河西流，庄浪河东注。两水各西东，中立此天柱。昨夜雪嵯峨，长城万峰聚。眩光鸟雀静，构相龙虎踞。巑远露空隙，是水湍行处。东水奔黄河，西水穿沙去。山阻玉重重，神工施斧锯。不见马牙山，呼风作哮怒。”乌鞘岭是北部内陆河和南部外流河的分水岭，是陇中高原与河西走廊的天然分界线。以乌鞘岭为界，毛藏河、西大河、大水河、冰沟河、土塔河、西沟河这些发源于岭北的，是内陆河；金强河、石门河、赛拉龙河、古城河这些发源于岭南的，是外流河。内陆河流汇聚成了石羊河流域，向北流入茫茫荒漠；外流河汇入大通河，注入黄河。

在明代大儒湛若水的笔下，这样充满诗意而无奈的场景比比皆是。“君居西洲西，我居东洲东。东西永相望，中有一水通。君行北极北，我将南极南。南北本同天，何用悲商参？”“一隔如参商，咫尺不相见。相见不尽情，相思难嗣声。”一道河，一座岭，便换了人间，而且是不同命运的人间。谁在掌控着河的结局，毕竟是同宗，曾经相逢过，一河归入水，一河却隐于漠。又是谁在调整着大地的天平，一河东流，一河西去，东西相间，地势又是孰高孰低？一如中国文字一样，是谁在那里命定了“左”为升、“右”为降？高山、道路，从来不属于静态。他们意味着运动，象征着变化。张骞凿空，是胜是败？玄奘西行，是得是舍？林则徐远赴新疆，是贬是升？霍去病西征，是进是退？你我匆匆，是我是无我？

这样的心情，更源于一个美丽的爱情故事。当地演绎着这样的传说，乌鞘岭，是北海龙王和南海龙王为阻止太子与公主的相爱而在火光水花中拔地而起的一道隔岭。岭南有金湖，是为金强河；岭北有金泉，是为清水河。岭上白雪，是龙太子哈出的大气；岭下喷泉，是公主流不完的泪水。车马劳顿的旅程上，伴随着一个伤心的爱情故事。这样的故事，随着大山的起伏而纠结万般，随着空气的稀薄而令人窒息。情殇乌鞘岭，浓云锁心田。此情此景，怎一个“重”字能解？

行矣怅予望，望绝继以音。特立在中峰，邈矣坐忘言。

③ 洪池古道今安在

乌鞘岭北，是被当地人誉为“金盆养鱼”的安远小盆地。在祖国的西部大地，诸如“安远”这样的地名有着许多，比如定远、宁远。朝朝代代铁骑利鞭所指、巍巍长城所筑，都是为了一个朝代一个国家一个地区的安宁、平定。当这些地名落地生根的时候，它已被烙上宿命的印痕——这是远方。远在何方，是边陲，是界线。乌鞘岭是天堑，天堑所在的脚下即是边疆。历史和人文的沧桑感，大抵就是从这样的远意而来。

要走近长城，不能上连霍高速，它和今日建成的亚洲最长的乌鞘岭隧洞一样，已经在先进科技革命的导引下，或者绕离了乌鞘岭，或者由登高变成了穿越。同样，也不能走上连霍高速的便道，那条早在几年前被改造的312国道。需要走上的，是312国道的前身，那条最早的国道，或者叫老国道。依稀还记得，早在十多年前，从武威沿着这条老道上兰州，需要七八

乌鞘岭古道

个小时或者更多；在之后的312国道上行进，或能需要四五个小时；而在今天建成隧洞的连霍高速上，只需要三个小时左右的时间。祖祖辈辈的行走中，提高了的是效率，增加了的是事故。但缺失了的，也许正是因为道路改良而无法磨砺出的从容与淡定。

沿途走来，马莲花正开，清雅别致。在百花齐放、争奇斗艳的绿茵地上，蒲公英亭亭玉立，风吹即化的飞絮显示着高贵的飘逸与浪漫。牛鼻子草在山甸湿地上疯狂地生长。袅袅升起的炊烟、星星点点的牛羊、星罗棋布的帐篷，构成了静谧祥和的山牧风光图。

驶入安远镇，闯入脑际的只有一个强烈的概念：萧条。这里已经没有了昔日的车水马龙，没有了繁华热闹，已经还原成了大山脚下一个普通的集镇。昔日，她和武胜驿一样，是丝绸贸易、茶马互市、文化交流、佛教东传、军事防务的重镇要塞。

饮誉河西的武胜驿驿站也在乌鞘岭脚下。当年霍去病渡黄河，在今永登筑令居塞，然后西逐诸羌，北却匈奴，在武胜驿富强堡一带俘获羌族部落首领并开通河西。汉代苦心经营，汉长城横穿武胜驿，又在武胜驿设杨非亭，作为监视外敌、警戒边防的重要军事设施。自此，西域与中原的大道全面开通。因为东来西往的人们，武胜驿、安远镇，这些驿站重镇都聚集了太多的交易、太多的利益、太多的世俗和太多的欲望。

《新唐书》上记载，唐政府曾在洪源谷南端今乌鞘岭一带设洪池府，控遏洪源谷。《大慈恩寺三藏法师传》也同样记载到，玄奘法师西行求经，由长安经秦州等地到达兰州，取洪池岭道至凉州。洪源谷，就是今天人们常说的古浪峡谷。此处地形狭长，地势险要，被誉为古"丝绸之路"锁控五凉的"金关银锁"。洪源谷附近有洪池岭，这岭就是乌鞘岭。唐玄奘走的那条道，就叫洪池岭道。公元699年，吐蕃内乱，论钦陵

安远镇景

弟论赞婆率所部千余人降唐。武后以为右卫大将军，使将其众守洪源谷。700年，吐蕃大将趜莽布支率骑数万侵袭凉州，入洪源谷，将围昌松（今古浪县城所在地），陇右诸军大使唐休璟以数千人大破之。据此，吐蕃经洪源谷进攻凉州的路线应是自青海省东境渡大通河，进入天祝藏族自治县，然后经洪池府进入洪源谷，再经昌松县到凉州。这条道，应该与西宁市经互助县到达天祝华藏寺的公路大致重合。2015年冬日晨曦未露的时刻，我和同事们前往天祝县天堂镇天堂村。奔波在绵延山间的现代公路上，一路走来，我一直在想，昔日的人们怎样穿越千山万水，翻越五台岭、洪池岭，到达梦想中的“大凉州”。

大通河两岸

繁华谢幕，必是平淡，甚或衰老。昨日红颜，今为弃妇。每个人每片土地，都逃不脱这样的命理。今天，这些昔日重镇要驿，都以一种普普通通、实实在在的面貌，延绵着生活的平静。它们的经历，正如一首悠长旷远的民歌，有过辉煌，有过苦难，有过喜悦，有过忧伤。终了，以长歌的形式浸润在史册或回忆里，回荡在荒垠无际的土地上。那要道，也被岁月的车轮碾啊碾，碾出了深刻的皱纹，碾出了一地的沧桑。

好在青山是伟大的智者。面对沧海桑田，沉浮荣辱，她们一直保持着尊贵而神秘的沉默。她们不是怨妇。青山无言，古道亦无言。因为她们知道，荣耀的时候，她们是路是山，落寞的时候，她们依然是路是山。不管前方的命运如何，这样的路，还是有人会继续走将下去。也许，这就是强大的自然之道。

④ 乌鞘岭上望长城

离开安远镇，沿着老国道前行，越过竖有乌鞘岭路口的标示牌不远，在路的北边，就隐约看到了蜿蜒爬伏的长城。由此，开始寻访乌鞘岭长城的踏查。此时，别了凉州后一路的晴空悄然消逝，乌鞘岭上空已是阴云密布。这样的天气，不用询问就在路旁的乌鞘岭气象站预报，就知道，天将大雨。

初见是一种欣喜，因为终于见到了位于此地的长城。兴冲冲地跨过壕沟，跑向湿润的山坡草甸。远望是浓绿的草甸在我们的眼里却是斑驳的草滩，在稀疏的草们中间，山体的肚皮裸露于外。这里的长城离原来的公路不远，地势不高。在形似高墙的另一侧，是低矮的沟壑。经过岁月的风吹雨打，昔日强健有力魁梧伟岸的长城已经苍老，缩着脖子，匍着身子，卧在苍茫的山坡上。有的地方陆续断口，在南来北往的人行马踏中成了关内关外相通的道路，个别高出的部分被当地的牧人依势而建为简陋的圈场。更多的，已坠地成埃，与大山融为一体。

走上长城的脊梁，长城的走向和模样依稀可辨。山雨已悄然而落，加上微微的风，不寒而清凉。几位牧民们赶着被称为"高原之舟"的白牦牛向着长城走来。不大工夫，已至眼前。山雨来了，那些白牦牛将穿越过长城断口，走向它们的家。牦牛走了，一位被山风吹得脸蛋盈红的少年向我们走来。清纯可爱，内秀寡言。正是双休日，山里的孩子帮着大人放牧。这样

公路左侧的长城

的长城，在他们的眼里司空见惯。我不知道，当他们在小学学习那篇《长城》的文章时，是否会想起自己身边的这条长城。我还记得那篇文章的开头："远看长城，它像一条长龙，在崇山峻岭之间蜿蜒盘旋……"。也许，令他们不能相信的是，这里的长城不像一条长龙。

继续前行十千米左右，在公路的南侧半山腰见到一个高高矗立的烽燧。弃车登山，直攀烽燧而去。在路旁看，山势甚高，烽燧亦高。一步一步爬将上去，亦并不费劲。这边的山体好似梯田式的台阶，在三五层高台之上，那座烽燧屹立着，俯视着脚下东来西去的人们。烽燧被风雨打磨得浑然天成，没有留下一丝建筑的痕迹。而那烽燧上大小各异的洞口，仿佛

公路左侧的长城

公路右侧的烽燧

射着幽幽的光，平添几份沧桑和神秘。

山高人为峰。站立烽燧上放眼四周，此地的山川地形尽收眼底。以烽燧为点，向着由此东西延伸而去的地方，一条苍龙随着山峦起伏于其间。向北望去，公路另一侧的山梁上，两条相距不远的长城并行蜿蜒，不离不弃。在东北方向，还有一座烽燧似的高台矗立着。这里为什么会有三条长城？在更早更早的时候或者说长城初建之时，这里是怎样的模样？在这条古道没有开辟之前，这些长城以怎样的顺序和姿态摆放着？哪一条是汉时的长城？哪一条又是明时的长城？

我只知道，拥有如此长城的地方，定然很不平凡，定然十分重要。

这是一处“看山跑死马”的地方。站立高山之巅，你也许感觉远处的那座烽、那条长城就在眼前。但你真正要到达它的脚下，却需要更多的时间。转眼之间已过午时，只好放弃太多的悬念，经过安门口，前往打柴沟镇用餐。

乌鞘岭下金强河畔的安门村，是昔日戍卒把守乌鞘岭的营地。古时东来西往的商旅征夫及游子使节，都需在此交验文书，方可准许过岭。今天，这里设有高速路口的收费站，它同样表明着这里在现代交通上的节点意义。

餐罢，山雨密而急地倾下。考虑到时间因素，决定继续冒雨返道踏查。从打柴沟前往安远一带的这条公路，同样是古“丝绸之路”上的一条要道。和行进在乌鞘岭中间的路道不同，这里两侧绿树成荫。路的北侧，还有一座清真大寺。透过密集的雨帘，绿色的清真大塔迎风而立，给华锐藏乡注入别样的韵味。道路的左前方，便是天祝最丰美的草原——抓喜秀龙草原。

从公路右侧烽燧上俯视

打柴沟公路左侧的长城烽燧

“最喜春光芳草绿，牧歌远荡白云悠。”《五凉志》中说，番族依深山而居，不植五谷，唯事畜牧。在这美丽的草原上，“白珍珠”“雪牡丹”之称的白牦牛、全国名马之一的岔口驿马、高山细毛羊在这里自由而快乐地生活着。

就在峰回路转的左前方，又发现一座长城烽燧。登临上去，发现这里的烽燧和前面所见有所不同。在风雨的剥蚀中，这座烽燧的土质显得有些疏松。而最为明显的是，可以清晰地看到当时的人们在筑造的过程中架设的木椽和枯草。千年百年过去了，那些木椽依然坚固，那些枯草依然富有力道。它们，将原本松散的土壤凝聚在一起，黏合在一起，成为岿然不动的制高建筑。

沿着烽燧的东西线看去，一条长城依旧在时断时续中向着两段逶迤而去。长城的南边，是平坦的盆地绿洲。鳞次栉比的日光温室规模连片，显示着一个曾经是游牧民族的人民在向现代设施农业方向发展的成果。绿树青山，藏式民居，都被浓浓的祥和气氛包围着。此地的长城距离早上踏查的长城，南北之间相距至少应有10千米之遥。那么，这条长城是从哪个方向行走而来的呢？作为我国古代劳动人民的伟大创造，长城的修建毕竟是一项耗时耗力的宏大工程，为什么在天祝境内、在乌鞘岭一带会有如此之多的长城？

5 雨中攀爬古烽燧

安门村北的高山之巅，有一座雄伟的高台，吸引了踏查的目光。根据目测的距离和直观感受，这座高台距离公路应有四五千米之远，而海拔又在逐渐地增高。踏查一番，估计需要两三个小时。而此时的乌鞘岭，浓云密布，急雨滂沱。是停下前行的步伐，还是冒雨前行？

在此之前，我因心肌缺血住院治疗刚刚出院。能不能接受高海拔、长距离和大雨天的考验，是一种挑战。志同而道合，可以谋。在和玉雷兄商议后，决定冒雨登山，以观烽燧，做一次无憾的行走。

乌鞘岭下老河床

下午二时许，我和玉雷走下

老国道，打着雨伞，拿着相机，开始了攀爬。刚过公路，便遇到一条山洪暴发冲出的老河道，阔而深。河床边上，大小不同形状各异的石头层层叠叠。河床里，沙砾平坦，各式各色的石头躺在上面。一路行去，可见浅绿墨绿的石头，晶莹剔透，这应该是属于祁连玉的一种。当年盛放着葡萄美酒的夜光杯，大抵就是用这样的玉石打磨的吧。

跨过河床不远，便走到了早上站在路南高台上看到的北方的两条长城。这一段长城，瘦是瘦了点，但形制还算完好。没有在河西走廊山丹、民乐看到的那一如雄狮般的模样，但依然可以看出像驼峰一样匍匐前行的姿态。那边的长城可以用“城”来表述，这里的长城只能用“墙”来表达。我们不知道，这是当年修建时的长宽比例规划使然，还是岁月洗礼的结果。两道长城相隔一千米左右，基本保持着并行。

上山和下山是移步换形的最美姿态。既然下着雨，既然身有恙，那就将这样的行走当做一种休闲。看着遍地开放的狼毒

山下长城

花，不觉得寂寞或孤独。那些草们，是那样的瘦弱，但这丝毫不影响它们的成长和轮回。一蓑烟草任平生，也无风雨也无晴。草们知道，风霜雨雪或者干旱无水那是老天的事情，自己所能尽到的事就是努力地生长，顺其自然地生长。即便枯了死了，明年还会再开。这样的花草，应该叫做“乐命花”或者“乐命草”。就这样，顶着风，迎着雨，一边行走，一边观赏，一边认知，一边感受。累了，放慢脚步。山风猛烈地吹来，转过身避一避。遇到美丽的风景，抓拍几张照片。反正，高台就在前方一步步地靠近，前方此时还是风还是雨。

从山脚到山顶，大自然在这里慷慨地铺上了一层绿地毯。也许，大自然知道，这里很少有人走来践踏。这是大自然专为她的那些羊们牛们营造的乐园。站在绿茵草场上，俯瞰乌鞘岭。千山万峰尽收眼底，云岚雾霭充盈其间。这里前后左右皆是山，座座崇山与峻岭雄伟壮丽，气势磅礴。湛若水说：“云开山露光，云合山色屏。开合如我心，对之心数省。”湛若水是不

驻立青山间

是在他的家乡，也同我们一样，登临这样的高山看到了这样的景观。云开处，阳光从云层里倾泻出道道光柱，山是鲜艳的；云合处，苍穹下的群山薄雾笼罩，轻烟萦绕，就成为天地相合的一幕巨大屏障。草场在光线的变幻下呈现出不同的色彩。山峰与云雾弥合升腾，恣意洒脱地在看客们的眼里心里泼墨着一幅幅山水大画，大快朵颐，气势恢宏。山坡上，羊群悠闲踱着步，从这个山坡走向另一个山坡。牧羊人憨厚的微笑温柔了大山，真诚的笑脸映红了大山。

俯视众山小，洒落如云烟。站立山坡，向东南方向眺望，赫然可见马牙雪山。云雾缭绕中的马牙雪山头顶积雪，晦明变幻。剑峰兀起处，直插云霄；错落有致一如马牙的山峰，婀娜多姿。山梁上，长城伏在地上，做着爬坡状的前行，宛如浓墨写就的隶书“一”字。听说这是万里长城中海拔最高的一段。

长城旁的牧歌

马牙雪山和长城

远远望去，雄伟的气势毫不逊色。

思接千载，视通万里，这是一个紧密关乎站位的逻辑。攀上茫茫青山，向南眺望，终于可以全景看到盘旋在山岭之间的国道公路，犹如挥舞的丝带缭绕其间。可以领略到抓喜秀龙草原的秀美，可以看到滔滔金强河的汪洋。金强，原为靖羌。这是一条与羌族部落有关的生命河。金强河上游分别从西、南两向的山谷中流下，在安门口金强河桥处汇合，然后向着华藏寺的方向流去。如练溪水滋润千里沃野，正是金强河水的奔流不息，才有了富饶的天祝，才有了行者不绝于道的跋涉。而这水，又是山的蕴蓄。雨落乌鞘岭，有雨有雪的乌鞘岭，才是真正有生命的山岭。雨雪，是乌鞘岭的精魂。

无限风光在险峰。迎着冽冽的山风，终于攀到了高山之上的高台。这里是周围最高的山峰，山的阴面，继续是错落变

远眺金强河

山巅烽火台

化着的层峦叠嶂，势不可攀；山的阴面，形成了群山环绕中的盆地。站立山巅，四周全景一览无余。山风挟着急雨，呼啸怒号，逼得人喘不过气。围绕高台四周踏查，发现这里还有天然的壕沟，应该属于一个军事设施。遥想当年的人们，选择在这样一个制高点，建造这样的一个高台，便于瞭望，便于伏击，便于传递信息。在朦胧的雨帘里，狼烟将起时，远方的人们将会获得要么平安、要么战斗的信息。而不论是哪一种选择，都是为了保住自己的家园。

长城，是一座历史的建筑丰碑。从遥远的战国开始，甘肃境内出现了长城。今天的陇原大地上，遗存着战国时期的秦国及秦、汉、明等朝代修筑的长城。它们，已成为西部的象征，西部的符号。

匈奴的南侵，是汉武大帝挥之不去的梦魇。渴饮匈奴血，是汉武大帝建功立业的抱负。汉武帝执政54年，奠定了中华帝国的版图，也与匈奴进行了长达44年的战争。汉宣帝继位后，派遣赵充国进军河西，彻底清理门户。赵充国根据当时形势归纳了稳定河西的12条建议。赵充国进军河西后，一面积极鼓励军民开垦农田，一面修筑玉门、阳关，增筑长城烽燧，由此形成了汉长城。那时候，长城不叫长城，称之为障、塞、亭、烽、燧。亭和障是城寨要塞，烽和燧是狼烟报警的烽火台。把要塞和烽燧连起来，就是长城。河西走廊的汉长城，西起玉门关，横贯河西，全长一千余千米。与此同时，汉廷还在祁连山北麓、合黎山及毗邻内蒙古的一些山口沟壑地带修筑长城，以此切断匈奴和西羌的联系。乌鞘岭汉长城，位于明长城东部，始筑于汉元狩三年（前120），系夯土版筑。在岁月的河床里，大都成土埂状、馒头状、壕堑状。

洪武三年，朱元璋命徐达、冯胜、傅友德等进兵甘肃，大破元朝残余势力。洪武五年，冯胜、傅友德等进军甘州、肃州至额济纳，河西全部平定。之后，明朝在黑山咽喉要地筑嘉峪关，关外设七卫，远至新疆。明中叶以后，边防空虚，屯田荒减，移七卫于关内，同时修筑长城。乌鞘岭明长城筑于明万历二十七年，墙体均系夯土版筑，大部分保存较好。蜿蜒于大地的长城墙体上，每相隔一段就有一个突出于墙面且较高大的"墩"，叫做"马面"或"敌台"，平时用于守望，战时用于射击。而烽火台，则大多孤立在长城沿线附近的山包、丘阜或四周视野开阔的地面上。

有专家指出，中国特殊的地理位置和地形特点，决定了中国大陆古代经济、文化大致分为东部农业经济发展区、西部畜牧业经济发展区和水田农业、旱作农业、畜牧业的天然布局。长城地处"两区三带"的自然交汇处，构成了一个完整独立的经济体系、文化体系。因为这种独特的格局，长城一线也就成了国内最大的贸易市场和物资供求、集散基地。从这个意义上讲，长城是农牧经济的汇聚线。

长城，还是世界古代史上最伟大的军事防御工程，沿线的隘口、军堡、关城和军事重镇连接成了一张严密的网，形成一个完整的防御体系。《新书·过秦》中记载，秦时，“北筑长城而守藩篱，却匈奴七百余里，胡人不敢南下而牧马。”《汉书·匈奴传》中记载，汉武帝时，“建塞徼、起亭燧、筑外城，设屯戍以守之，然后边境得用少安。”“然则长城之筑，所以省戍役，防寇钞，休兵而息民者也。”修筑长城，既是一种积极防御，又是积蓄力量、继续进取的谋略。风雨中坚守着大地的长城，连接着过去、现实和未来，并将继续成为国人不变的精神向度和灵魂憩地。

莽莽雪山造就了天祝人一份宽容，林海草原赋予天祝人一份质朴，滔滔河流带给天祝人一份灵性，而逶迤的长城留给天祝人一份勇敢与执着。

在山雨即息的黄昏，我们下山。身后，千年屹立的烽火台默默地送别着我们。

梦萦冷龙岭

公元345年，酒泉太守马岌告诉前凉王张俊，“南山即昆仑。昔山周穆王西征昆仑，会西王母于此山。西王母虎身豹尾，人面虎齿，全身皆白，居雪山洞中。此山系古昆仑支脉，宜立西王母祠，以禅朝庭无疆之福。”之后，马岌立王母祠于岗什卡山上，名曰“昆仑”。

《山海经·大荒西经》里记载，“西有王母之山……有三青鸟，赤首黑目”。每年奉祀岗什卡山神时，当地的村民们都要登高放飞一只用纸糊制象征着“百鸟之王”的大鸟。村民说，这是为了纪念西王母和她的青鸟使者。

海拔逾5200米的岗什卡山，是冷龙岭之首。冷龙岭，是西营河等石羊河水系的发源之地。

“蓬山此去无多路，青鸟殷勤为探看。”魂牵梦萦冷龙岭。沿着西营河，寻访冷龙岭，寻访古代沟通山北农耕民族与山南游牧民族，其实亦是沟通“丝绸之路”河西道与南道的那条古道。

❶ 溯源西营上南山

2015年8月金秋，正是凉州大地喜获丰收的季节。在匆匆结束对双龙沟的寻访之后，我与《玉帛之路》创制组成员冯旭文、赵建平等一起陪同冯玉雷踏上了前往冷龙岭的道路。

从2006年开始，我一直在追问着自己：石羊之水哪里来？许多资料上这样写道：雄伟的祁连山，莽莽苍苍，险峻无比。千万年降落的常年积雪积成万世冰川，万世冰川构成一座巨大的冰川水库，冰川水库的滴滴融水涓涓荡荡于阡陌之间，形成了古人称之为“谷水”的河流。而一位朋友无意间留下了关于冷龙岭的一组画面，更让我相信了这样的叙事。且视之

冷龙岭冰川

如宝。由此，我常常神往那千万年降落的常年积雪，常常迷想于那万世冰川。

2009年暮春五月的一个清晨，我和《大漠·长河》摄制组的同仁何宏德、马延河，在西营水管处负责人的陪同下，带着干粮，沿着正在建设中的武（威）九（条岭）公路，一路颠簸，第一次走进了冷龙岭。自此之后，常常地遥望南天遥望南山，想念冷龙岭成为我凝思的最佳姿态。而期盼再次走进冷龙岭也成为我内心深处一直涌动着的向往。

资料上介绍，巍巍祁连山是由多条西北至东南走向的平行山脉和宽谷组成，因位于河西走廊南侧，又名南山。西端在当金山口与阿尔金山脉相接，东端至黄河谷地，与秦岭、六盘山相连，长近1000千米，海拔4000米以上的山峰终年积雪。狭义的祁连山指的是最北的一支走廊南山和冷龙岭。

冷龙岭，当地人称“老龙岭”。西起张掖扁都口，东止武威乌鞘岭，头西北，脚东南，横亘在青藏高原的青海门源县北部和河西走廊的武威、张掖市之间，是祁连山脉东段第一山、第一高峰。在地质构造上，这里为早古生代形成的走廊南山—冷龙岭复背斜，因而生成巨型北西走向的铁、铜、锰、磷矿带，属古河西构造体系的中轴部分。长达280余千米的冷龙岭巍峨壮观，峰峦叠嶂，山峰平均海拔多为4000～5000米。顶峰冰川，积雪皑皑。在那4500米以上的山峰上有现代冰川244条，总面积达到100余平方千米。这是一座集现代冰川的壮观和完整的植被带为一体的大雪山。史料记载，明洪武年间西平侯沐英、西征将军邓愈曾追羌至此。

从凉州城西出发，继续沿着新修建的武九公路前行。过西营镇，观西营水库，走向九条岭煤矿。道路两侧，鳞次栉比的日光温室、设施养殖暖棚，绿意盎然的特色林果，处处显示着武威发展现代高效节水农业的繁荣盛景。欣赏着一路美景，想起六年前的初次寻访，一路走来，平川里尽是飞扬的尘土，山湾里都是陡峭的绝壁。没有柳暗花明，没有山清水秀。记忆中的一只藏家牧羊狗长着一幅慵懒的模样，风中飘曳的经幡披一件褴褛的衣裳。偶尔可见覆盖在暂称为冰床上的积雪失去了原有的色彩，乌黑的一片。朋友告诉我，那是一路飞扬的灰尘和车来车往跌落的煤屑。

六年天气，沧海桑田。武威市推进石羊河流域综合治理的成效不言而喻。如果说这样的行进可以用“山在欢笑水在唱”来形容的话，这山，就是祁连山冷龙岭；这水，就是石羊河水系的西营河。

西营河，是石羊河水系的第一大支流。发源于祁连山东端冷龙岭北麓，由主干流宁昌河、支干流水管河组成。

宁昌河，古称“青羊镄金河”“藏金河”“藏经河”“宁缠河”，讹称“宁蝉河”。这些名称，要么蕴藏着财富，要么渗透着禅味。它的上游，还有青羊河、托洛河、龙潭河三条较大支流汇合。宁昌河发源于青海省海北藏族自治州的门源回族自治县境内，沿着甘、青两省边界，向东北流经上店沟、上夹石、青羊三岔，到大草滩处进入肃南裕固族自治县境内，流经黑河沟滩、小柳花沟到水管口。青羊河是宁昌河上游较大的一条支流，又名“清阳河”，位于宁昌河右岸，发源于青海省门源县境内的响拉瓦尔玛，由南向西北流经扎合尔休玛、倒仰三岔、黄草山至青羊三岔汇入宁昌河。第二支流托洛河，讹名“骆驼河”，在宁昌河右岸青羊河以下，发源于天祝藏族自治县旦马乡大直沟，由东南向西北流经邵家窨沟、大草滩汇入宁昌河。龙潭河讹名“龙淌河”，发源于肃南县铧尖乡大麻鸡顶处，流向南转北，经龙潭掌、滩儿台至石灰窑处汇入宁昌河。

青羊河畔的向往

另一条支流水管河，古称“北老虎沟”，与南麓的“南老虎沟”地名对称。又名“水灌河”，新中国成立后始称水管河，讹称“水关河”。水管河发源于青海门源县乱石窝垴子处，由西南向东北流经水管滩、寺院滩到水管口与宁昌河汇流。民国三十一年(1942)，甘肃省水利林牧公司曾提出，在乱石窝地开凿隧洞，引南麓青海省大通河水，通过这条河引至皇城滩水磨沟顶，再流入西营河，以灌溉永昌县、武威县西营河流域及民勤县农田。不知是什么原因，这样的宏伟规划最终搁浅。大通河，也便缺失了与西营河的缘。

宁昌河与水管河在肃南县铧尖汇流后始称西营河。因为河处武威城西，所以又名“西大河”。但它与石羊河水系地处金昌、张掖的西大河是两条不同的河流。《凉镇志》《水经注》《会典图》等资料上记载，汉、晋时称“土弥干山口涧”“石城河”“炭山河”“柳窑河”等，藏民亦称“凉州大河”。西营河东北流经龙潭墩、九条岭、南大板，又纳入了源于天祝藏族自治县旦马乡干沙鄂博处的响水河。再向下流到柳湾，又汇入源于天祝藏族自治县旦马乡天池山处的土塔河，在四沟嘴入注西营河水库。

昔日，西营水库的水向下流到石嘴子出山，进入山前洪积、冲积扇带，流入灌区平原。主河流又形成了清水河、朵浪河两条自然河流。

清水河，这是一条古老的河道。清朝名为“清水河”，民国称为“红柳湾河”，后经人工改造后称“怀渠三坝河”，又称“怀三坝”“前三坝”“后三坝”等，改建浆砌渠道后称二干渠。至元二十五年(1288)，元世祖曾下诏“西凉毋得沮坏河渠”。有人认为坏河即历史上的怀安河，今之西营河；亦有可能即此怀渠。不管如何，足见西营河当时已被用于灌溉。清水河自石嘴子东北向下流经武威城西，与金塔河下游汇流后又汇入海藏河。海藏河，当然因地处“陇右梵宫之冠”的海藏寺而得名。那是一条由西营河和金塔河部分地下水潜流补充的泉水河流，灌溉着金羊、金沙、羊下坝、中坝等地的农田。

朵浪河，也是一条古老的输水河道。因位于武威城西24千米处的朵浪故城而得名，讹名“朵兰河”。人工改造怀、永渠后，又被称为“后河”“五坝河”“五坝老河”“后五坝”。朵浪河沿鲁家河沿庄东北，流经柳湾庄、毛家庄，折向周家河湾，经支寨到洪祥刘家沟一带，与泉水河沟系汇合形成南沙河，东流至民勤蔡旗堡附近汇入石羊河。

南沙河，又名南河，位于武威西北部的西营河洪积冲积平原尾端，是一条以西营河渗入地下的潜流为补充的泉水河流。源于凉州区洪祥乡刘家沟村史家湖一带，河源上部与西营河老四坝、老五坝旧河槽相接，由西向东流，横穿永昌灌区北部，在三岔附近汇入石羊河。自源头向下沿途不断有泉水溢出并汇入，其中南岸汇入的有熊爪湖、南湖、北湖、严家湾湖、黄金湾湖及四尔湾湖，此外还有20多条水泉沟潺潺流入。北沙河，又称北河，是武威、永昌、民勤三县的界河，是以西营河和东大河地下潜流为补给水源的泉水河流。源于洪祥乡陈春堡以下，源头与西营河、东大河的老河槽相接，由西向东流，在武威三岔梢地汇入石羊河。

西营河水库灌区南邻天祝藏族自治县，西接肃南裕固族自治县，北靠永昌县，东连金羊、永昌两个井泉灌区及金塔河灌区。西营河灌区历史悠久，早在新石器时代就有人类居住。在凉州区丰乐镇出土的石刀石斧等文物说明先秦时期匈奴在西营河畔发展畜牧，始有耕田之业。自汉武帝元狩二年在河西设郡建县以来，这里就开始戍兵屯田，兴修农田水利，发展生产。汉朝在今怀安乡驿城村筑龙夷城，设戊己校尉掌管河西屯田事务，这是灌区设置管理农田水利人员的开始。西晋后期，凉州刺史张轨在今丰乐镇设置武兴郡安置大批流民，并浚河开渠进行农业生产。唐、宋年间，西营河形成了一定的灌溉网络。明洪武五年，朝廷在此军屯移民，大力发展农田水利。清朝初年，西营河农田水利得到进一步发展。清顺治十二年（1655）的《凉镇志》载，土弥干川已发展为6条坝沟。清乾隆十四年（1749）《五凉考治·六德全志》记载，已由6条坝河发展到2渠10坝，即怀渠和永渠。

"三年两头旱，十年一大旱。"干旱一直是西营河灌区农业生产的主要灾害。据史料记载，从汉代光武帝建武二年到公元2000年间，有记载的大旱灾情就达60余次，以至造成了"谷价踊贵，斗值千文，野无青草，十村九空，饥馑枕道，卖子为奴，人相食，积尸如山"甚至"掘尸、碾骨、易子而食"的情景。那时的西营河畔，哀鸿遍野，民不聊生。勤劳的灌区群众在抗旱斗争中积累了许多经验，在明代万历年间，凉州区丰乐镇西湾村赵家沙沟庄群众就在洞子梁山挖隧洞，引来缠山仰沟的西营河水，灌溉农田。这是武威隧洞引水最早的记载。民国二十八年（1939），马步青部在武威城内大兴土木，大肆砍伐杂木河上方寺和西营河九条岭一带的森林和农村树木。他们将西营河的水强行逼集于怀二坝、三坝河槽，将所伐木料通过顺河漂运的办法，运送到凉州区太平滩一带。由此致使西营河道被冲刷破坏，沿岸农田被淹没冲毁，形成一片残败之地。民国三十一年秋，向达去敦煌考古路过武威，写下了《西征小记》。文中记载到：

至于武威、张掖则流水争道，阡陌纵横，林木蔚茂，俨然江南。故唐以来即有"塞北江南"之称。地产米麦，又多熟荒，将来如能筑坝蓄水，改用机器耕种，用力少而产量增，以其所出，供给河西，足有余裕。

是年秋，蒋介石亲临甘肃视察。甘肃省政府提出开发河西水利意见，蒋介石决定以10年为限，每年由国库拨给河西地区水利专款1000万元，对河西水利进行开发，但亦未得改善。民国二十五年，陈赓稚西北视察后记载到：

经四十里堡（今永丰）、怀安驿城（今怀安）、昌隆堡（今丰乐镇）等村落，人民居舍大半荒凉，长行60里，所见田地十之六七，因山洪肆虐全都冲毁，满铺拳大石子，如陇东之人为砂地，惜不能如砂地之可耕种也。

1970年3月，西营河水库工程开工建设，次年开始蓄水受益。

西营水库一隅

溯源而上，清水河、西营河、土塔河、响水河、青羊河、骆驼河、宁昌河……乳白色的河水浪花飞溅，奔腾翻转，一条条溪流从我们身边匆匆流过。在晌午的阳光下，她们迈着欢快的步伐向前跑，卵石留不住她，树荫挽不住她。侧耳细听，她们仿佛在唱着同样的歌：我的家，在南天；我的梦，在北方……

❷ 无雪冷龙映古道

无限风光在险峰。朝觐的路注定充满着诱惑，充满着坎坷。车轮向前，思绪向前，盼望着与冷龙岭的相见。

车行将近一个多小时，遇到了一个岔路口。那儿立着一个指示牌，向前方走是夏日塔拉景区，向左转是宁昌河景区、水关峡景区。无疑，寻访冷龙岭的路应该是左道。水关者，应该就是水管河，它和宁昌河一同汇就西营河。左转不久，便进入了山沟，踏上了砂石路。慢慢地，道路越来越崎岖，时有坑坑洼洼的路段。好在视野的前后左右，总有旖旎的风光出现，便也消去了旅途的颠簸之感。当然，还有远方的冷龙岭雪山带来的诱惑。

当乡愁成为一种时髦的情结时，以体验原生态自然生活为主题的乡愁旅游也成了一种流行的选择。正是凉州最热的时节，就在这条道上，一辆辆载着青年男女的自驾车行驶其间。一路行来，但见有树有水的开阔地带都已成为这些自驾乡村游一族的营地。他们打破了山沟里的宁静和清凉，却不知道自己是否收获到一份宁静和清凉。当然，长年生活在这山这河边的那些马们全然不去理会这些。那些长年走在大道上的羊们也是这样，任你不厌其烦地鸣笛催行，它们依旧迈着不慌

山间的牧羊人和信使

不忙的步子缓缓走过。

天将午时，我们终于凭着第一次走过的记忆来到了一段开阔的河床。在我们的认知范围里，这里是瞻仰冷龙岭比较理想的制高地。要知道，近300千米的冷龙岭，是没有一个人能够去全景式地零距离接触。自然，每个走近冷龙岭的人心中，都有一个属于他自己所理解和认识的冷龙岭。我知道，在这里，我们会像上次那样，看到雪山，看到冰川，看到牛羊，看到山花野草。

最美莫过初见时。我异常清晰地记得第一次相遇时的那份惊喜和谨慎。我在一篇文章里写道，“轻轻地走近您，害怕打扰了您的梦想。不携一缕阳光，害怕点燃了您的激情。就这样，轻轻走进您，我心驰神往的冷龙岭。”

可是，我心中的神山神岭送给我的却是异样的世界。初见冷龙岭，在那起伏的群山中，只有五六道山岭上积雪满野，晶

2009年初见冷龙岭

莹剔透，迎着阳光闪着粼粼的寒光，尚可见雪山的模样。而相邻的群山峦壑里，偶有几片雪地被强行挽留，显示着些许的不情愿。一山的凄冷。我无法接受那是我梦中的万世冰川，我千年万年的冰川水库。顺着山野而下，山坡间三四片相连的冰面不规则地躺在那里。上面的积雪懒洋洋地晒着太阳。一米之内个头不等的冰床下，融水跌落，集结，涌动，然后结伴作别，出山，进川，流向大漠……

冷龙岭的险峻在哪里？千万年降落的常年积雪在哪里？万世冰川在哪里？面对我置疑的神情和呢喃的言语，那一次，西营水管处的朋友反复告诉我，这就是冷龙岭。只缘身在此山中。也许，我只见到了冰山的一角。

即便如此也罢，人生若只如初见，也算是一种幸福。但是，当我和玉雷兄站在这个理想中的制高点时，我们都怀疑起了自己。这是冷龙岭吗？这是雪山之巅吗？

夏季的冷龙岭

无雪的冷龙岭！无冰的冷龙岭！

西营河上游的冷龙岭北麓，是祁连山东端的冰雪地。由于山体高大，降水较多，有一部分降水在低温条件下形成以冰、雪固体形式积累和储存，发育成现代冰川。祁连山高山冰川是河西地区水资源存在的一种特殊形式，有着“天然固体水库”的美誉。在丰水多雨低温年份，这里可大量储存固体降水。而在枯水的高温干旱年份，它们又成为冰雪融水，维持了河流的年径流量相对稳定，从而保证着平原绿洲区工农业生产和人们生活的用水。

走在宁昌河的河川里，面对我毫无来由的自责和困惑，虽然玉雷兄一次次地说着，这也许是夏季的原因吧。但我无法去说服自己，让自己去接受这样的现实。我知道，祁连山冰川的分布受制于自然气候关系。就河西走廊三条内陆河流域而言，东部石羊河流域不是宠儿。这里的冰川数量和储量甚少，仅占河西冰川总面积的4.86%，总储量的3.48%。而中部黑河流域和西部疏勒河流域占到了总冰川量的95.14%，总储量的96.52%。石羊河流域只有冰川141条，64.82平方千米。其中西营河在河源山区又占有大小冰川42条，面积约19.8平方千米，占到了石羊河流域冰川总面积和储量的三分之一。如今，站在拥有三分之一冰川的雪山前，我们又能体会到这三分之一的内涵又有几许呢？

今天，受自然条件和人类活动等因素的影响，石羊河流域源头冷龙岭地区的冰川迅速退缩，平均每年后退12.5～22.5米。冰舌末端形态迅速变化，形成了一些新的冰碛湖和冰碛垄，石羊河流域山区雪线海拔已上升到了4400 米左右。千百年来，冷龙岭融化的雪水形成的西营河、杂木河、黄羊河及其他几条河流成为武威绿洲农田灌溉及地下水的唯一源头，养育了西凉儿女，造就了历史文化名城的灿烂辉煌。她们，是河

面对雪山的凝思

西、是大凉州的宝贵资源。而这片皑皑洁白被苍茫土黄所替代的时候,那将意味着什么呢?

没有了雪,没有了冰,那就看水吧,看草吧,看那奇石与美玉吧。沿着淙淙流过的河水,我们向着前方的雪山一直走去。我们希望着,也许在下一个峰回路转的地方,可以惊喜地看到更大的雪山,看到意外的冰川。

这是一个曲折回环的峡谷,湍急的河水由东南向着西北流去。巨石林立在河床里,"乐在高原最自由"的牦牛、羊们悠闲地在河床里晒着太阳,踱着步,吃着草。走在湿润的河床边,脚下是密密的草甸。有苔藓,有各种各样叫不上名的野花,黄色的、蓝色的、紫红色的……也许,这里有灯盏花,有没羞花,有报春花,有雪莲花,有金蜡梅……每每在这个时候,便会想起那位特别爱花、识花、赏花的作家阿来。也许,这与他自幼生活在藏族山区有关吧。

问道在冷龙岭

走在这里，脚下时不时还会出现那些泛着绿意的晶莹的石头，应该是属于祁连玉的那一种。想想昔日，在这条道上，南来北往的，除了粮食、皮毛、肉类、茶叶外，应该还有那青海玉、祁连玉。

我们是来探河的，更是来寻道的，寻找从以凉州为代表的“丝绸之路”河西走廊中道走向青海南道的连接道。雪山和冰川不应该阻挡我们前行的足迹。但是，没有了水，道便失去了存在的意义。沿着那条河，我们左趟右涉，足足走了两个多小时。非常遗憾，大雪山的大背景并没有因为我们的虔诚和执着而有太多的改变。直到这个时候，忽然脑海里闪出了《诗经》里的一首诗——

关关雎鸠，在河之洲。
窈窕淑女，君子好逑。
参差荇菜，左右流之。
窈窕淑女，寤寐求之。
求之不得，寤寐思服。
悠哉悠哉，辗转反侧。
参差荇菜，左右采之。
窈窕淑女，琴瑟友之。
参差荇菜，左右芼之。
窈窕淑女，钟鼓乐之。

山谷幽静。只有清冽的风声，只有奔涌的溪声。风声吹着《诗经》的歌，落在了水中。

日高路长人欲困。怀着不舍的心情告别河床，拖着辘辘饥肠，挑一条捷径，艰难地攀上沿河山路。匆匆用餐后继续前往，见到了浩云煤矿。冷龙岭在各个地质构造时期显示了不同程度的构造活动性，沉积了较为完整的地层系统和复杂的构造体系活动。自侏罗纪开始的燕山期运动造就了这里丰富的煤系地层，由此成为河西的煤矿工业基地。

这里的一个路牌再次证实，脚下的这条路，就是民勤至青海仙米寺的民仙公路。

从这里往前走，便可以通向青海仙米寺。千年前的人们，也许比我们幸运。因为在他们疲惫的前行中，会看到满眼的雪山，看到晶莹的冰川。有它们，就有生机。有它们，就意味着希望。

继续前往，远远领略到一个位于山巅不大而蓝得浓厚的湖。远方，“高原之舟”牦牛和草原上的骏马在尽情地享受着自然的随意。与它们相比，匆匆的我们多了一份疲惫和狼狈。

冷龙岭上的湖泊

要踏上返程的路，心里多了一份怅然。“神龙西跃驾层峦，万古云霄玉臂寒。”那是诗中的世界。

冷龙岭呵，您让我心醉。您的唯美入诗入画，亦或入梦。冷龙岭，您同样让我心碎。面对四万多平方千米流域的芸芸苍生，我是那样的不忍惊醒您的梦。虽然，我无缘见到瞬息万变、玄奥莫测的冷龙壮景。只见到蓝天白云，没见到熠熠银光，更没有遇到雪崩暴发、飞雪漫卷的龙啸之象，亦无缘领略那犹如玉龙遨游般的“冷龙夕照”的美丽，亦然无缘走过两百多千米的山和水。

千年了，白云悠悠尽情地游。来了又去，去了又来。高兴了，是一脸的阳光；郁闷了，是遍地的沧桑。“冷龙”，您宛如一位高贵的精神贵族呵，又像一位胸挟块垒的慈父。面对翻手为云覆手为雨的变数，您一直固守着一个不变的“冷龙梦”。可是我的心中却弥散着没落的尘埃，隐约感受到了一种淡淡的倦意。

您的梦在万山之巅，您的梦在海拔五千多米的剑峰摩天间，不畏一种超然的境界。我明白，冷，是一种境界；龙，亦是一种境界。

相看两不厌，胸中一座山。为了一种叫做尊严的东西，亦然倾囊而出的您，让我明白了什么叫博大。为了一种与生而来的大爱，您让我明白了什么是坚守。

“冷龙”，我的神山。相见不如常思念。且让我携了您的梦去，在每个花开花落的季节，在每个雨雪来临的日子，常常把您想起。常常想起那样的一首歌：您那里下雪了吗？面对干旱您怕不怕？

“冷龙”，我的神山。且让我携了您的梦去，载向我的梦和更多人的梦里。

千道万壑汇溪流

醒来，让那些雪，那些冰变成温暖的记忆。

醒来，亦让那些雪，那些冰变成一种思念而不得的感恩、敬畏和珍惜。

③ 莲花山下谷水流

充满期待的祁连大穿越就这样将画上句号，用时下网络上流行的一句话说，那叫“心情整个都不好了！”但是，太阳落山明早依旧爬上来，花儿谢了明年还会一样开。人生和万物，需要的是理想，梦想。

怀着这样的心情返回。在距离武威城区20千米左右的地方，莲花山粲然一笑，扑进了视野。

武威民间有“五月十三朝莲花”的风俗，它说的就是位于

又见莲花山

西营灌区的莲花山。每逢农历五月十三，武威莲花山都有盛大庙会。这一天，四乡六渠的农民和城里人纷至沓来，拜佛烧香，求子还愿，玩耍游览。武威姑娘还将端五日绣下的各式荷包挂在脖子上，等待中意的后生来抢，也有姑娘、小伙子在山坡上对唱山歌，歌声笑语，此起彼伏，别有一番情趣。

武威，古称姑臧。《元和郡县志》中记载，姑臧县因姑臧山而得名。这姑臧山，也就是莲花山。这山，因八峰环列，形如莲瓣而得名。王宝元在《凉城沧桑》中提到，这儿原先是武威羌族中一个姑姓部落生存的地方。因为在这座山脚下，至今仍有顾姓人家在生活。“姑臧”，来自羌语，“姑”为姓，“臧”同今日藏语中的“仓”，即羌人姑姓部落居住生活的地方。

祁连山下，谷水潺潺，水草丰美，土田沃饶，是一个天然的牧场。谷水，从有先民生存的时候就从这儿向东北流去；武威，也在这历史的河道里缓缓流过。

莲花山上建有莲花寺。据史料记载，莲花山上的佛寺始建于汉唐，原名灵岩寺，元代改名正光寺，明时改为善庆寺，经过历代兴建，到清末时山上建筑规模极其宏伟，共有寺院、道观72处，亭台楼阁等房舍999间，殿宇相接，错落有致，山泉秀丽，景色宜人。闭上眼想象一下，在一座山色葱茏的青山上，999间房舍倚山而建，是何等的恢宏而大气。而除却数量规模的因素外，这里还是武威境内唯一一处融佛、道于一体的建筑群。

山雾蒙蒙，兰香袅袅，萨班法师的慧光闪过，这里便成了象征世界四大部洲的凉州四部寺之一，成了他的妹妹造巴让茂驻锡讲经的圣地。

莲花山的辉煌在如日中天中恣意泼写着。在漫长的岁月里，她遭到了人为或地震等自然灾害的破坏。直到20世纪60年代末，武威莲花山数千年的文明在声声叹息中陨落。仅存七级浮屠金顶塔、天桥、药王泉、兽文石等景点，那些往日的辉煌只能在史书中领略到一些点滴的踪迹。

从山脚下一路登临，一路观赏。在乱石苍苍的山脚下，有武威古羌人的原始文化遗存——兽文石。

“兽文石，何苍苍。虎形豹文各异状。”清代诗人陈炳奎的《兽文石歌》，写的正是莲花山的兽文石。莲花山下有巨石，青质白纹，石上有牛形、狼形、羊形、马形、虎形，字形如兽，所以叫兽文石。据考证，这些图像上的动物是羌人崇拜的图腾。兽文石，便成了武威古羌人的原始文化遗存。抚摸着“自是天成非人力，古色斑斓多雅致”的兽文石，心中对这块土地陡生一种更加神秘、更加庄严的感觉。有民族图腾的地方，注定了这片土地的不平凡。

沿山而来，依次有法号庄严的接引寺、古今相融的龙王庙、地母殿、黑虎财神殿、翘映莲峪的山门和武威境内唯一幸存的石拱桥。莲花山财神殿，是莲花山景区的一座主要建筑。农历每月初一、十五，每年五月十三，游客们都要到这里来敬献财神，祈求国泰民安，风调雨顺。

走过观音殿，便来到了药王殿，殿里有药王泉。据说药王泉水可以避邪去病，延年益寿。因此游莲花山的人必来饮用此水，并想方设法带回家中。关于药王泉，有传说是萨班的妹妹造巴让茂走路时用佛脚踢开了块巨石，石罅中奇迹般地流出了神水；也有传说是神仙老人为了惩治不孝敬老人和心怀叵测的人而挖出的一眼神井。总之，药王泉至今仍然是武威人心中的神泉。

其实，在西营灌区分布着许多的泉源。这里有3处矿泉水，宁昌河昌大板处有温泉2眼，在西营乡五沟村上罂萄沟口有温泉1眼，水温26℃左右，“其水温暖，浴之却病”。在西营乡五沟村善法寺前有药水泉，又名“冷水泉”，“泉水不大，不向外溢，其水如冰，可治眼疾。”

饮过了药王泉的神水，借一份神水的力量，开始向莲花女神——造巴让茂坐禅修行、圆寂的圣地——金顶塔朝觐。朝觐金顶塔需要一定的毅力和耐心。山路陡峭，迂回盘旋，耳旁一直萦绕着迎风作响的风铃声。风停了，铃声息了，造巴让茂莲步款款，向着讲经布道的净坛走去。

无限风光在险峰。登临金顶塔，才真正感觉到了莲花女神的睿智和禅心。人在云中，清风徐徐，仙风道骨油然而来。七级浮屠塔虽已显示出苍老的身姿，但百年千年孤独地傲立于神山之巅，俯视可见汉滩坡墓群的灿烂与厚重，东眺可见古城凉州的雄姿和绿野春耕的秀美，西望可遥想布达拉宫经幡的飘逸。这难道不是一个绝美的圣地么？

金顶塔前远眺山的那一边

站立金顶塔，我们真切地听到了造巴让茂站立于苍山间放飞思念最后的绝唱。是的，这世界本身便是一个充满爱心的殿堂。

④ 海藏禅水涤俗尘

一刹松荫承佛露，满湖净水涤俗尘。在河西丛林蔽荫、湖泉汇涌而过的地方，凉州海藏寺犹如一尊千年不语的智者伫立其中。

人们说，古刹坐落于林泉之间，犹如海中藏寺，这或许就是海藏寺得名的缘由吧。其实，如果单纯从字面上或从外在形态来解释海藏寺名称的由来，就显不出海藏寺的雅致和神韵。《大藏经·龙树菩萨传》中说到龙树菩萨求经心切，大龙菩萨接它入宫，以经典相赠。海藏者，一个佛教用语，相传佛教大科经典藏在大海内龙宫中，故称海藏。这就是海藏寺，也就是海藏寺博大深邃、佛法无边的内涵。

凉州海藏寺是“丝绸之路”上保存比较完整的佛教古刹之一。该寺究竟建于何年，现已无从考证。据乾隆年间的一块碑刻记载，海藏寺修建当在宋、元年间。元代“凉州会商”后，西凉王阔端把西藏佛教领袖萨班留在了凉州。在阔端王及臣民的大力支持下，萨班建成了象征世界四大部洲的凉州四部寺。海藏寺做为四部寺之一，也按照藏传佛教的理论进行了整修。明朝成化年间，有个叫张睿的太监召集工匠百姓，在原海藏寺旧址上重建了这座规模宏大的寺院，宪宗皇帝赐名为清化禅寺。

林水掩映下的海藏寺

海藏寺面南而开。红色宫墙外，一座四柱三间三层的木构牌楼古朴玲珑，走马板上书有“海藏禅林”四个大字，恣意而辉煌。每到日出时分，牌楼东侧一缕青烟袅袅直上，盘旋缭绕于白杨、垂柳之间，缥缥缈缈。自然的造化给千年古刹更增添了一份神奇绝妙。

走进山门，依次是大雄宝殿、三圣殿和地藏殿。大雄宝殿里，释迦佛祖、药师佛、阿弥陀佛三尊大佛端立其中，十八罗汉护卫两侧，僧人们在这庄严肃穆的殿堂里化人正己，表达着爱国佑民的志向。三圣殿里，华严三圣正襟危坐，在悠远的禅音里普度着众生，参悟着千年万年不解的偈语。

万树垂杨藏古寺，六朝文物剩高台。绕过大殿，走过天梯角楼，便是高约8米的灵钧台。它与雷台公园的雷台遥相呼应，构成犄角之势，成为拱卫凉州城北大门的屏障。灵钧台上的主要建筑有无量殿和天王殿。登临最是春秋日，才有风光便不同。登上灵钧台，海藏美景尽收眼底。放眼北望，更能体会到绿野春耕的美丽景色。

灵钧者，善且平也，灵钧台，很好的平地。据今海藏寺内的《晋筑灵钧台碑》记，灵钧台是东晋明帝太守中凉王张茂所筑。张茂筑古台，且命名为灵钧台，是否含有张氏以屈原自比，标榜业绩的意义；是否是西域文化和中原楚文化交流的结果，还是属于一种军事防御设施，也许是各种因素概而有之吧。登上灵钧台，首先进入的是天王殿。天王殿内，四大天王傲立于两侧，整体设计暗含着“风调雨顺”的含义。

在天王殿与无量殿之间，是被誉为海藏三绝的“药泉”。相传它与西藏布达拉宫水井相连，据说喝了神泉井的水既可免灾消难，又能延年益寿。农历每年正月十六、四月初八、端阳节等传统节日，甘肃、青海等地的藏民专程来此取水，以敬显神灵，祛病消灾。

无量殿，也叫藏经阁，是海藏寺现存最早的主体建筑之一。它的建筑风格与台下建筑俨然不同，斗拱、梁架用料粗大浑厚，屋顶脊兽装饰雄伟而大方，正脊两侧的吻兽栩栩如生，形象生动，整个建筑显得气势磅礴，蔚为壮观。

提起海藏寺，不能不提到际善法师。一部《西游记》写尽了唐玄奘西天取经的悲壮与艰辛，凉州海藏寺同样铭记着际善法师历尽艰辛、用白马驮回真经的壮举。雍正年间，海藏寺主持际善法师看到修葺一新的寺院却无经卷供奉，深感遗憾。于是承前人遗志，发弘誓大愿，上京请经。际善法师用八年的时间拄杖携钵、乞斋东行，最终请回了明版《北藏》经。郭朝祚任职凉州时，感动于此而书下“藏经阁”一匾悬于无量殿上。白马驮经，为武威佛教、为凉州海藏寺抹上了浓厚的一笔。

与凉州海藏寺毗邻着的，是凉州海藏公园。清朝武威学者张澍与友人同游海藏时说道：（这里）林泉深秀，幼时数数游之，夏日避暑，真人间清凉境也。

海藏公园的诱人之处，不仅仅在于公园依靠“河西梵宫之冠”的海藏寺而拥有一份冉冉佛气，更因为这里有着不可多得的丛林和泉水。明朝成化年间，负责修建海藏寺的张太监曾说过这样一段话：

（游海藏寺），环四山之秀，带诸涧之流，树密鸟繁，而弋者可射；水清鱼肥，而渔者可钓。以酌以歌，以行以止，仰焉俯焉，悠悠不知身世之何在。众曰：河西丛林，此为第一。

而矗立于海藏寺无量殿中的《重修海藏寺碑》碑文中也写道：“武邑林泉之美，城北为最，而海藏迤东尤胜”。

海藏公园之美，美在泉水，美在湖景。随着宛如彩带般迤逶北行的清水河，海藏公园舒展着躯肢，展现出最亮丽的风姿。海藏公园以中间的引线为主轴线，纵贯湖内，将湖面分为东西。隆冬之季，东湖冰冻数尺，可滑冰游戏；而西湖波光粼粼，能泛舟垂钓。东湖滑冰，西湖划船，一湖两景，成为海藏美景的“三绝”之一。其实，这就是因为西湖湖底有许多泉眼，泉涌不息、水流不止的缘故。

有湖就有岛，有湖就有桥。“幸福吉祥桥”“平安如意桥”“同心桥”和各种造型各异的小桥将海藏公园三万多平方米的湖面连为一个整体。人从桥上过，船从桥下走，游园的人们兴致所至地到达每个理想中的景点。这些景点就是由清源岛、玉波岛、观景岛、夕阳岛、东大岛、情人岛和滨湖亭、清源亭、玉波亭、水榭亭、泄水亭等数岛数亭组合而成的。岛亭错落有致，湖水绕其而行，显由人造，宛自天成，使人们身处塞北

海藏湖美景

而体味到了水乡的神韵。

清源岛上建有清源亭，清源亭小巧玲珑，轻盈如翼；玉波岛上建有玉波亭，斗回曲折的长廊小巧优雅，别具风格；廊端以图文并茂的形式讲解着凉州八景、武威故事、二十四孝等，让游人在小憩的片刻得到了文化的享受。清朝道台府成了今天的滨湖亭，在滨湖亭悬挂着由武威人李鼎文撰文、丁二兵书写的楹联："数鸟无声观客坐，林花有意送香来。"写尽了海藏公园的幽美恬淡，也写出了公园里人与自然的和谐。

万树垂杨藏古寺，万枝柳绦凝寒烟。海藏公园之美，还在于丛林。这里林木葱茏，林荫蔽日。凉州八景中有一景叫"海藏烟柳"，又叫"日出寒烟"，它说的正是海藏晨雾中的美景。每当早晨起舞时，浓雾集于柳枝间，千缠百结，如烟朦胧，日出时分，霞光纷披，烟雾袅袅，十分好看，这是"海藏三绝"中的又一绝。

海藏公园的亭台楼榭

海藏公园南湖占地500余亩，林木葱茏，林泉丛生，实为河西第一。林以泉为命，泉以林而秀。在苍天绿树的掩映下，在潮意融融的绿地上，凉州人开辟出了一方湿地公园。嗅着青草地的芳香，看野鸭嬉戏，鸽子飞翔，天高风清，树绿气爽，一种幽然、练达而超脱城市喧嚣的宁静便油然而生。

走进海藏公园，领略到山川灵秀集于一身的神奇与秀美。林在笑，湖在笑，游人在笑。林泉相映，在天地间同唱着一首自然和谐的歌。

花落青嘴湾

这是一片秀美的土地。在河西走廊的东端，绵延千里的祁连积雪和满山遍野的牛羊，还有黄土高坡上的层层梯田，构成一幅色彩斑斓、层次分明的山水图。远方，苍茫的群山和山间飘荡的雾霭仿佛在诉说着一个优美动人的故事。

这是一片十分寻常的土地。它地处祁连山南麓，北距武威城约20千米。发源于祁连山的冰沟河和大水河流经此地，汇集成了石羊河的一大支流——南营河。河水，从山涧流过，形成了两道湾，北湾叫青嘴，南湾叫喇嘛湾。两湾之间，横亘着一道山梁。因为这座山梁没有名字，人们便统称为青嘴喇嘛湾。

花落青嘴湾，这里留记着吐谷浑部落在凉州、河湟与灵州之间迁徙的历史，显示着凉州母性的温情之美、包容之美。

❶ 金塔晴霞照古今

金光照耀矗扶登，七级千寻万缕腾。
碎宝造成晴晃日，四龙呵护迥超乘。
仰窥碧落红尘远，俯瞰青塍紫气蒸。
高到天门璀璨处，铎声清出白云层。

这是清代武威人张昭美《凉州八景》之作的《金塔晴霞》。自北宋沈括在《梦溪笔谈》中首次提出“八景”之说后，文人墨客咏颂名胜之地大凡喜用八景概括。“凉州八景”起于何时，现已无考。张玿美写下了题咏武威美景的一组七言律诗，最早收录进了由他主编的《五凉志·武威县志》。

诗中写道，沿着级级台阶，登上高耸入云的金塔，高高低低远远近近的自然景观尽收眼底。正是夕阳西下的时候，彩霞把她们的金辉慷慨地抛洒下来，苍茫大地立即腾空折射出千万道耀眼的光芒。一瞬间，佛塔成了金色的，寺院成了金色的，周围的河流、农田成了金色的，远处的山脉、群峰也成了金色的。好一个佛国世界、金色乾坤！

立足宝塔，极目四望，夕阳晚霞映照下的金塔大地变得金箔万片，宝石千颗。上下相映，熠熠生辉。蜿蜒而来的黄羊河、杂木河、金塔河、西营河，就像四条腾挪跌宕、蜿蜒起伏的巨龙，精心呵护着这一圣洁的宝地。站在高高的金塔之上，仰望纤尘不染、一碧万顷的苍穹，使人顿时产生一种远离红尘、超然世外、羽化登仙、遗世独立的感觉。俯瞰大地，则见青田绿畦，阡陌之间冉冉升腾起丝丝缕缕、片片朵朵紫色的暮霭，把凡间大地渲染成一个如梦如幻的神仙境界。

观赏着金塔晴霞，聆听着七级宝塔上铎铃的声响，精神与灵魂超脱了凡世，忽忽悠悠，飘飘荡荡，像一缕清风飞越塔顶，

修建一新的金塔寺

飞越层层白云，一直飞上九重宫阙，来到了南天门，来到了金碧辉煌、璀璨夺目的金銮殿。

《金塔晴霞》中的“金塔”，指武威城西南15千米处的金塔寺。藏语称作洛昂代，又称净宁寺，是藏传佛教凉州四部寺之一的南部灌顶寺。古时的金塔寺，建筑宏伟，气象壮观。据《凉州佛寺志》记载，金塔寺里有萨班给蒙古王灌顶时造彩砂、作坛城用的灌顶石。据说萨班作四业火祭诛业时，众忿怒明王焚烧了危害宗教众生的魔障，而神力无比的吉祥塔就建立在焚烧之地上。过去每逢佛教节日，此地便显出彩虹，发出异光、磬声和美妙的音乐，并下起花雨。传说嘉庆十七年夏天，在一场大雹雨中，很多人看到吉祥塔发出道道强烈异光，将冰雹驱散，后来众人便无限崇拜金塔寺。

“金塔晴霞”为凉州八景之一。傍晚时分，当夕阳余晖染红祁连山脉、染红金塔寺院的时候，落霞与佛塔交相辉映，祥云飘浮，霞光万道，寺院上空就出现一片紫色的彩霞，绚丽奇妙。

金塔河，因金塔寺而得名。又名金塔寺河、金塔寺灌水。汉朝前称盖臧水；汉朝时为南山谷水一支，又称谷水、五涧水；隋唐时称阳晖谷水，明清时称金塔寺山口涧、金塔渠。新中国成立后定名为金塔河，历史上为“武邑六渠”之一的金渠，现在是武威山水河灌区的第四大河流。

金塔河，发源于祁连山冷龙岭北坡的牛头山、臧南山。大水河的上源山区主要由大水河和冰沟河两条支流汇成。大水河源于流域西南的牛头山一带，与西营河东西背向分流，自西南向东北流经旦马牧场、上寺、夹树达板滩、下寺等地，再经原凉州区南营乡的白水口、大湖滩、青嘴喇嘛湾到团庄，沿途在下寺附近右岸汇入了细水河，左岸汇入白水河，从源头到团庄全长46千米，集水面积502平方千米。西支冰沟河源于臧南山的柴尔龙海一线，与杂木河东西背向分流，东北流经马场、四沟寨子、青大板等地，出峡门口经南营乡东湾、西湾等地到团庄，沿途在青大板右岸汇入由细水河、宽沟河、青羊河三源汇流形成的南岔河，从源头到团庄全程长45千米，集水面积350千米。大水河与冰沟河在南营乡团庄以南汇合后始称金塔河，向下游流到峡口建成南营水库。

金塔河出山后流经5千米，在分水渠首以人字形分为东西两岔，东称杨家坝河，西称西沙河。杨家坝河向东北流经武威城东门外，汇城东北泉水而折向西北，于松涛寺附近入注红柳湾河，全程长36千米。西沙河从金塔寺流过，流经武威城西2.5千米，与北清水河汇流，东北流到松涛寺与杨家坝河汇流称

从南山汇流而来的金塔河

红柳湾河。由于杨家坝河和西沙河从武威城南的金塔寺分流，分别流绕武威城东西，又汇流于城北，因此，又俗称为包城河。

金塔河灌区位于武威城南部，南依天祝藏族自治县的祁连、旦马乡，西连西营河灌区，北和金羊灌区毗连，东与杂木河灌区为邻。这同样是一个古老的灌区，早在新石器时期，人类就已经沿河而生活着，就已经有了较为原始的灌溉农业耕作。今天，人们在青嘴喇嘛湾、旱滩坡发现了马厂文化遗址，在皇娘娘台发现了齐家文化遗迹。汉朝时，这里就开始了灌溉农业，可以说是武威当时最发达的地区，汉王朝设郡置县所设的武威郡和姑臧县治所就坐落在这一地区，历经各朝各代。

北魏时期，太武帝拓跋焘在视察凉州后说："姑臧城东西门外，涌泉合于城北，其大如河。自余沟渠流入漠中，其间乃无燥地。"

"山开地关结雄州，万派寒泉日夜流。"大靖河、古浪河、黄羊河、杂木河、金塔河、西营河，这些山水河汇集了祁连山区的降水和冰雪融水后，北流，进入凉州区走廊平原，经过山前洪集扇，河道分岔，水流渗入地下；地下潜流向北至冲积扇前缘，出露汇集成红水河、白塔河、羊下坝河、海藏寺河、南沙河、北沙河等泉水河，然后继续北流汇入石羊河。昔日的石羊河中下游绿洲地区200千米长的弧线上，处处是涌泉美景。在金塔河水的滋润下，早在明朝以前，姑臧城东、西门外就有涌泉汇于城北，水量大如河流，人工稍做改造后就形成了天然的护城河。《武威县志·地理志》中记载，"灵泉池，姑臧南，晋张实开。"《水经注》卷四十注，"潴野泽经姑臧县城西，东北流，水侧有灵渊池。"武威人张澍也写有《过灵渊池有感》，这里的"灵泉池""灵渊池"，应该都指的是灵云池吧。天宝十三年，身为河西节度使哥舒翰幕府掌书记的边塞诗人陪同窦侍御巡查凉州，泛舟游览灵云池，留下了“夕阳连积水，边色满秋空”的诗句。有着游侠之风的高适还曾在雷台湖心岛上泛舟碧波，品酒赋诗。今天，这里还留有“听涛亭”的遗风。清代，金塔河下游的泉源有羊下坝、海藏等14条泉沟；民国年间，还有羊下坝、海藏、雷台、赵家磨沟等25条泉沟。1962年的灌区泉源划界资料反映，这里的泉沟仍然保持有25条沟渠。1963年以后，由于上游渠系的不断整修改建，加上下游的打井灌田，导致地下水位下降，泉水减少，部分泉沟干涸。直到1969年，这里的泉源已干涸达10条。武威杨家坝泉水河主要依靠上游金塔河渗入地下的潜流，在武威城东一带出露而形成，沿河向下游不断有泉流汇入。

风景知愁在，关山忆梦回。今天，泉涌绿洲的美景亦只能成为美好而苦涩的回忆。

河汉徒相望，嘉期安在哉？

❷ 南营古道思乡情

2009年金秋时节，为了八集电视纪录片《大漠·长河》的创制，我和摄制组的同仁们与原武威市博物馆馆长、文博研究员党寿山老人一同走进南营青嘴湾。拂晓中的凉州长空上，吉祥的云彩极具立体感地组合成一条凛凛的长龙蜿蜒盘旋。敬业的摄影摄像师尽情纪录，流连于大自然的随形造化。

2012年的暮春细雨中，再次陪同甘肃广电界的老前辈刘忻先生走进南营青嘴湾，远眺苍茫青山的绵长历史。

南营青嘴湾，这里峰峦起伏，峡谷纵横，大水、冰沟两河的水湍流急下。在两条河汇合处，就是南营水库。一座古墓，就

晨曦中的南营水库

静静地坐落在水库旁边祁连山南麓的山冈上。

千百年来,没有人知道这座古墓里究竟沉睡着什么人。

清朝同治年间,统治阶级制造了民族矛盾,回汉之间互相仇杀。于是,许多武威百姓纷纷跑到了青嘴湾一带的山里,挖窑洞避难。一日,有一个姓梁的人家正在挖窑洞。突然挖到了一座墓葬。他们取火一看,只见墓中金碧辉煌,随葬器物很多。除了有彩绘的木俑、马、牛、骆驼等大批木器外,还有不少铜器和金玉珠宝,琳琅满目。梁氏将金玉珠宝盗走贩卖,发了一笔横财。从此以后,古墓的厄运接踵而来。但是,贪心而世俗的人们只关心金银珠宝的寻找,绝大部分珍贵文物包括墓志在内却未遭大的破坏,保存尚好。没有人,去探寻这古墓的主人是谁。

1915年4月,古墓再次被好事者掘开。这一次,掘墓者挖到了几方墓志,收藏起来,密不告人。直到民国四年,这座墓再次被人挖开。挖开以后，在里面发现了一方刻有西平公主的墓志。盗墓者一看是公主墓，感觉到了这座墓的重要性，便把墓志收藏了起来，不让人知道。世上没有不透风的墙。很快，方圆数十里的群众都听到这里发现了一个葬有公主的墓。大家都争先恐后地前来参观，人多的时候就像赶庙会一样。

当时的武威知县唐敷容是个有见识的人。他知道，武威自古是西陲重镇，一定会有古代的石刻埋藏于地下。唐知县吩咐商务会会长贾坛代为寻访。贾坛得知这里有墓志出土，立即找到了收藏墓志的人。并将墓志带回，放到武威文昌宫保存。

武威文庙石刻展览室里珍藏着九方墓志。其中一方墓志盖正中篆书“大周故西平公主墓志”，四周雕刻缠枝草叶花纹图案，雕刻极为精美。志底文字25行，满行24字，字体端庄秀丽。

大周，在历史上是武则天称帝时的国号。从墓志上看，古墓主人是大周西平公主。经过专家对墓志的进一步研究，古墓的主人大周西平公主，是一个被称为弘化公主的人。此时，大家才知道竟然有一代公主葬于武威凉州。

那么，弘化公主究竟是谁呢？弘化公主，是怎样的一代奇女子？这位在皇室家族锦衣玉食中长大的女子，又是怎样远离繁华长安，来到人烟稀少的荒山秃岭，过起了“逐水草，结庐帐，食肉酪”的游牧生活？

原武威市博物馆馆长、文博研究员党寿山介绍说，弘化公主，又叫光化公主，也叫弘化大长公主，武则天时赐姓武，改封西平大长公主。弘化公主出生在公元622年一个唐王朝的宗室家中，是唐宗室淮阳王李道民之女，是吐谷浑族青海国王诺

党寿山接受采访

曷钵的妻子。就是这位弘化公主,成就了唐朝的一段历史。

吐谷浑,亦称吐浑、退浑。原为人名,后为古代西北民族及其所建国名。吐谷浑是慕容鲜卑的一支,自西晋太康年间西迁,“度陇而西”,到了今天甘肃临夏一带。不久又向南、向西扩展,达到今四川阿坝、青海都兰一带,建国于羌、氐故地。公元4世纪至6世纪,“丝绸之路”河西走廊道一度阻塞不通,东西商旅往来多取道祁连山南,经青海西达南疆。

“丝绸之路”中的青海道,又称吐谷浑道,就是因从吐谷浑的辖区经过而得名。吐谷浑地处中西陆路交通要道,北与蒙古高原、西与中亚、南同青藏高原、东同黄河长江流域均有贸易往来。亦正因为它在交通要道上的重要位置,公元634年,吐蕃松赞干布进攻吐谷浑,吐谷浑国王率领妻子和部下先后辗转于凉州、青海、宁夏一带。次年,吐谷浑又遭唐军攻击,大败，分裂为东西二部。西部吐谷浑由伏允次子率领西退，以新疆鄯善为中心，后降服吐蕃；东部吐谷浑由伏允长子慕容顺率领，以今青海省共和县境内的伏俟城为中心，依附于唐。唐王朝封慕容顺为西平郡王。后来，慕容顺被其臣下所杀，唐王朝又立慕容顺之子燕王诺曷钵为吐谷浑王，封其为河源郡王，后又改封为“青海国王”。

公元636年，诺曷钵赴唐都长安晋谒唐太宗，并向唐太宗请婚。太宗慨然应允，表示将宗室女弘化公主许配给诺曷钵。

汉家长策在和番，安危大计在和亲。唐亦如此。为了唐和吐谷浑能够友好相处，大唐天子同样采取了和亲的措施。公元640年，18岁的大唐宗室女弘化公主深明大义，走出重楼叠阁，离开繁华的都城长安，从长安迤逦西行，历经千难万险，来到了辽阔无垠的高原草地，入嫁吐谷浑，与诺曷钵和亲，开创了唐蕃交好的新时代。

七年后，也就是弘化公主25岁时，她与诺曷钵生下了长子慕容忠。公元652年，弘化公主请求入朝省亲，唐高宗派左骁卫将军鲜于匡济前往迎接。11月，弘化公主和诺曷钵到达长安，朝见了高宗。高宗优礼相待，又以宗室女金城县主赐嫁诺曷钵长子慕容忠，金明县主赐嫁诺曷钵次子。

人们都知道文成公主，却忽略了弘化公主。文成公主，用40年的真情谱写了一曲汉、藏民族团结的颂歌。其实，在这之前，弘化公主早已在祁连山南北的土地上唱响了民族大义的绝唱。弘化公主，可以说是唐王朝第一个下嫁外藩的公主，和亲使者第一人，也是唐代外嫁的十几位公主中唯一回过长安的公主。由于她的下嫁使唐朝和少数民族的关系得到了根本性的改善，友好往来比较频繁。在她下嫁的第二年，受她的影响，文成公主嫁给了松赞干布。弘化公主下嫁到吐谷浑，对两国的和睦相处、文化交流起到了很好的作用。弘化公主和亲之后，吐谷浑年年向唐王朝进贡，双方从未发生过战争，“丝绸之路”也畅通了。因此，从历史角度来说，弘化公主可能是历代完成和亲任务最出色的一个。

弘化公主，不仅是大唐公主，还贵为青海国王王妻，她又是怎样流落至武威，并与其子子孙孙长葬于南营乡青嘴湾？

公元663年，吐蕃击溃吐谷浑，诺曷钵携弘化公主，率残部逃到凉州，向唐求救。但唐军救援不力，致使立国350年之久的吐谷浑王国最终灭亡。

公元670年，唐朝派薛仁贵率兵攻击吐蕃军，打算护送诺曷钵回归故国。可是，薛仁贵被吐蕃军大败于大非川，唐军几乎全军覆没，吐谷浑复国的希望彻底破灭。

公元672年，唐朝将诺曷钵迁到鄯州大通河之南。诺曷钵惧怕吐蕃，不安其居。唐朝便又将其徙于灵州。

公元698年，在吐谷浑生活了58年的弘化公主病逝于灵州，享年76岁。次年初，迁葬于凉州南营乡青嘴湾的山冈上。

自从知道古墓为弘化公主墓之后，当地人就填塞了盗洞，使墓内公主遗骨及大批文物得以保存。同时，又在墓旁山冈上建造了公主庙，绘画了公主像。远近群众经常前往祭拜，一年四季香火不断。1927年，公主庙不幸毁于地震。后来，由于弘化公主墓疏于管理，当地群众随意掘墓取砖，破坏墓穴，并将大批彩绘木俑及陶瓷器物扔在山下。直到1980年，专家学者才根据群众提供的线索，对弘化公主墓进行了清理。

从弘化公主的墓志以及出土的随葬品以及墓葬的结构、形制等，可以看出吐谷浑民族的丧葬习俗。墓室为单室砖券墓，由墓道、甬道、墓室三部分组成。墓道为斜坡式，甬道及墓室呈过洞式，以条砖叠砌，室内有棺床。随葬物多以木器为主，

省级文物保护单位青嘴喇嘛湾墓群

并有漆器、陶器、瓷器、骨器、铜器以及大量的丝织品和金银珠宝。在木器中，除男女侍俑反映了王族的奢华外，马、驼及家禽之类随葬较多，反映了吐谷浑民族“有城郭而不居，随逐水草，庐帐为室，以肉酪为粮”的游牧生活。

弘化公主墓中出土的彩绘木俑，造型生动，神态逼真，为研究唐代的雕刻艺术增添了新的实物资料，同时也是难得的艺术珍品。出土的漆器和镶嵌银花的漆器，虽大部已残，但仍可看出高超的工艺水平。从丝织品残物可以看出，锦、绢、绮的质地细密牢固，提花准确，颜色搭配得当，彩色鲜艳，纱薄细透明，艳丽无比，反映了唐代精湛的织丝技艺。

带着白釉瓷壶，带着莲鱼纹鎏的金银碗，这一个奇女子，她从长安出发，向北，向北，和潺潺流淌的石羊河同向，一直向着北方走去；而大明宫在南，长安城在南。向北，给边地带来了几许春色。而再回首，看到的只是长河的日出日落。

“琵琶一曲肠堪断，风萧萧兮夜漫漫……”出土于这里武氏夫人墓中的阮咸琵琶，已成为一件极为难得的稀世之宝。“一生听到伊凉曲，销尽词人鬓上霜。”琵琶声声跌落在石羊河水里，溅起的是思乡情，涌动的是凉州情，澎湃的是民族情。

在如今的宁夏、青海，难寻弘化公主的踪迹。她把动人的传奇故事和美丽的身躯最后留在了凉州。从目前青嘴湾发现的吐谷浑王陵可以看到，吐谷浑王族的墓门均向南开，坟柩葬于高冈之上。吐谷浑在武威地区并没有生活多长时间，为什么死后都要归葬于此呢？是看上了青嘴湾那山清水秀的一脉风水么？还是忘不了曾经生活过的这方热土？葬于石羊河畔，遥望曾经的故土。其间滋味，不知后人能否体察？

凉州南山，离原吐谷浑中心青海较近，隔着祁连山的，就是他们原来的领地。今天的天祝县祁连乡、旦马乡，以及凉州的南营乡青嘴、喇嘛湾是他们休养生息的主要地区。葬于此地，

静静流过弘化公主墓旁的石羊河水

吐谷浑家族的王陵就在水库对岸的高冈上

既可受到唐朝的保护，又靠近故乡，寄托着他们眷恋故土、怀念游牧生活的乡愁情怀。在青嘴喇嘛湾发现的慕容氏墓葬，都是墓门向南，建于山冈之上，大有望乡的含义。其次，慕容氏虽迁到了安乐州，但此地仍有吐谷浑部落游牧。基于以上原因，凉州才成为吐谷浑王族慕容氏的坟茔。

在这个喇嘛湾，出土了弘化公主的儿子青海国王慕容忠的墓葬，弘化公主儿媳金城县主的墓葬。另外，这里还发现了弘化公主其他的几个儿子政乐王、安乐王、代乐王的墓葬，还有元王慕容若夫人等。这里面比较重要的、出土文物比较丰富的，是武则天侄孙女的墓葬。青嘴喇嘛湾，成了吐谷浑王族的王陵。

吐谷浑从正式建国到最终覆亡，存在了350年之久。在最初的100年间，经过树洛干、阿豺等几代国君的努力开拓和苦心经营，吐谷浑逐步成为西部地区的一个小强国。唐代，是我国边疆民族进行较大规模迁徙的重要历史时期。初唐时期，吐谷浑人进行了四次内迁。第一次是高宗龙朔三年由诺曷钵率领迁入凉州，第二次是咸亨三年诺曷钵率部迁青海后复迁入灵州，第三次是圣历二年论弓仁等部迁入灵州，第四次是慕容宣超率吐谷浑人回迁青海后复迁入河西各州。随着四次迁徙，关内道的灵州和陇右道河西诸州都有吐谷浑移民分布。9世纪中叶吐蕃崩溃后，吐谷浑居住在湟水和大通河流域，依险屯聚自保。12世纪后，河东的吐谷浑人返回甘青故地，与湟水流域之吐谷浑人聚会。元朝时，称作西宁州土人。近年来，也有一些研究者认为，今青海土族即吐谷浑的后裔。

弘化公主告别了富庶的中原大地，当上了吐谷浑的王后。她走了，带给中原的是和平与吉祥；第二年，文成公主又告别

了生她养她的中原乐土，当上了吐蕃王子的“白雪公主”。她走了，带给中原的依然是和平与幸福。25年后，金城县主又嫁给了青海王慕容忠；之后，19岁的武则天侄孙女、太原郡夫人武氏又嫁给了吐谷浑的王子慕容曦皓。

这一个个女子，他们从长安来，一直向着北方走去。数年春秋后，她们或走过石羊河，或葬于石羊河畔。石羊河，可曾记得这些大唐公主们走过的足迹，可曾听到她们幽幽的呼吸和真情的呼唤？

今天，人们把弘化公主的塑像安放在了武威最有名的文化广场上。在这里，云鬓高耸、罗裙飘飘的美丽公主注目南望，她的目光明亮而又深邃。陪伴在她身边的，是威武英俊的诺曷钵可汗。

凝固在武威文庙里的墓志上说，弘化公主，“诞灵帝女，秀奇质于莲波；诧体王姬，湛清仪于桂魄；公宫禀训，沐胎教之宸猷；姒幄承规，挺璇闱之睿敏”。

往事成千古。显赫一时的大唐王朝、吐谷浑国已化为历史的尘埃，但凉州，凉州的青山绿水，将永远铭记着这位长眠在凉州土地上的美丽姑娘，这位守望凉州的大唐“莲花”……

魂牵杂木河

认识杂木河，源于凉州白塔寺。

走进杂木河，源于被赢得“西夏瓷都”的古城塔儿湾。

解读杂木河，源于“水母三娘”的美丽传说。

杂木，在藏语里是“雪山上的仙女”的意思。杂木河，是石羊河流域的一个分支。沿着这条河，历史的凉州柔韧执着，策马横空，在仆仆风尘里闯出一条岁月的古道，定格下大夏王朝、大元帝国最为亮丽的风景。

走过杂木河，耳畔一直萦绕着一首歌：

> 落叶随风将要去远方
> 只留给天地美丽一场
> 曾飞舞的身影，像天使的翅膀
> 划过我无边的心上……

❶ 杂木河畔寻水母

杂木河，又称“杂木寺山口涧”，是武威的第二条大河流。杂木河发源于祁连山麓牛头山、卡洼掌的大牛头沟、王洛沟、闸渠河，另一源为响水顶的响水河、半羊河，两源于毛藏寺汇合，始称杂木河。杂木河南靠大通河，北与金塔、西营河为邻，东南为黄羊河，西邻西营河。

说杂木河，不能不说毛藏，这里是杂木河的水源所在。关于毛藏，一直充满着神往。但是一切皆缘，无由会晤。在武威热土上行进纪录近10年，生态治理要提到她，下山入川要提到她，项目建设要提到她，西夏文化要提到她。数次起意将往毛藏，皆因种种原因而不能成行。遗憾，造成内心强大的向往。

遗憾之余,唯有通过他人的口述和文字的旅游来解读和想象。

天祝藏族自治县毛藏乡,以境内毛藏寺而得名。位于县境西北部,东连大红沟乡,南接哈溪镇,北靠祁连、旦马乡,西邻青海省门源县。在580多平方千米的土地上,生活着1000多农牧民,其中藏族人口占到了总数的90%。

资料上介绍,毛藏,一说本来叫孟杂,口耳相传,渐渐叫成了毛藏;一说因为当地的一个部落叫毛藏而得名;一说是以毛藏寺得名。毛藏寺,藏语称作“霍尔秀恰贡”,简称“霍尔寺”,意思是“一对柏树之寺”。据当地的传说,这里是一位叫霍尔的大成就者转世居住的地方。寺院建于清初,同治年间被毁,民国二十四年修复。附近尚有洛把小寺和奥些静修院,现已被毁。

提起毛藏,不能不提起西夏国的没藏氏。一份介绍没藏氏的材料上这样写道,没藏氏是西夏时期凉州人,出生于天祝华锐雪域。西北民族大学教授多识认为,毛藏应该本作“茂藏”,在西夏时译作“没藏”。多识曾经撰文考证说,华锐莫考族中的阿米茂藏,有的地方叫“茂仓”,有的地方叫“茂藏”。藏语“藏”“仓”同义,都是“家族”的意思。没藏氏是西夏凉州六谷吐蕃的没藏家族,世代生活在祁连南山,遍布今哈溪、毛藏、大红沟一带。

历史的没藏氏是一位集美貌和聪慧于一身的清雅女子。在大凉州青山秀水哺育成长起来的没藏氏,阳光灿烂。他与西夏大臣野利遇乞自由恋爱,结为伉俪。西夏国王李元昊一见倾心,再见倾城,借用反间计顺水推舟将野利遇乞腰斩,将没藏氏收入宫中。没藏氏不忘旧爱,李元昊如痴如醉。从经坛下静听讲座到骑马打猎左右呵护,李元昊始终围绕在没藏氏身边,直到有了爱的结晶——生子李谅祚。穿越在权力欲望的宫廷里，没有名分的没藏氏寻找着慰藉和庇护。史书上多有记载，野利遇乞和李元昊去世后，没藏氏又与野利遇乞的财务官李守贵和李元昊的侍卫官保吃多私通。李谅祚一岁幼龄时即位，没藏氏和其兄弟没藏讹庞掌握了西夏的大权。没藏氏信奉佛教，建寺诵经，大办佛事，修建了承天寺。1056年，没藏氏和保吃多去贺兰山打猎出游途中，被人半路截杀。

“大夏开国，奄有西土；凉为辅郡，亦已百载。”在西夏王眼里，凉州是个非常神圣而重要的地方，占据着特殊的地位。李元昊特别想借助凉州地方大族势力，巩固凉州及河西。就在他称帝的当年十一月，“祀神西凉府”，率领着文武百官亲自到西凉府祭神拜祖。1217年12月，成吉思汗率军攻打西夏，中国历史上唯一的状元皇帝、西夏第八个皇帝神宗李遵顼留下太子李德任守卫国都，自己惊惶逃到西凉府，避难凉州城。其实，在西夏的战略布局上，凉州同样是一个非常重要的据点。“盖平夏以绥、宥为首，灵州为腹，西凉为尾。有灵州则绥、宥之势张，得西凉则灵州之根固。”凉州，是西夏制驭西蕃的坚强右臂，无论是进关陇、走灵武，亦或是通西域、连河湟、接漠北，无不由此而过，实为“地当四冲之区”。

毛藏境内山脉纵横，高峰耸立。天祝县境最高的山峰卡洼掌主峰大雪山就坐落在这里，大雪山海拔4874米，终年冰雪覆盖，发育着现代冰川，成为杂木河的坚强“母体”。天高云淡，牧歌悠扬。在毛藏山谷盆地，杂木河淙淙流过，穿行于阴洼峡间。左岸的岔儿沟、大小藏民沟、毛大板沟，右岸的神树沟、闸子沟、塔儿沟也涓涓汇入，相伴流过60余千米，在杂木寺出山，在磨嘴子扩散，经过大七坝河、高坝、五里墩，在陈家桥堡与黄羊河尾端汇合，主河流汇入泉河白塔河，最后于凉州区下双镇注入石羊河。

这是一个古老的灌区。从新石器时代起，沿水一线就有了人类的活动。沿着杂木河走来，一路都有史前人类生息的遗脉，磨嘴子一带有以马厂文化、齐家文化、沙井文化为特征的人类活动遗迹。汉武帝元狩二年到明代，这条河流统称“谷水”“南山谷水”“六峪水”，又名“清涧水”“五涧水”。经过历代开发，到明朝中后期，从中原大量移民开渠垦荒并以杂木河为主已形成了一系列的灌溉沟坝。杂木河灌区是目前凉州区四大山水灌区中唯一没有水库调节的自流引水灌区。干旱是灌区的主要自然灾害。据不完全统计，从汉安帝永初三年到民国三十六年间，有记载的大旱灾害就有52次之多。五十多年来，杂木河灌区大搞水利建设，把一个原始的自流引水灌区建成一个具有现代化规模的中型灌区。今天，人们正在她的上游修建毛藏水库。

杂木不杂，绚烂神奇，美丽而缈曼。溯源杂木河而上，这是一条流淌着美丽神话的河流。每一朵溅起的水花，都那么富有内涵。

2013年的夏季，凉州区古城中学的孩子们在杂木河河床上获得了一个惊人的发现。他们在河床里见到了许多具有各种奇异图案纹理和镶嵌有动物骨节的石块！经过专家们的考证，那是古生物化石。沧海变桑田。专家们说，从发现的动物种属来看，杂木河一带应属于相对温热潮湿的海洋气候环境。而今天的杂木河一带寒冷干燥。其间自然环境的演变、地貌气候的变迁，乃至生物种属的进化，都显示着一个只有属于水知道的秘密。

走进杂木河床，曾被山水淹没的石头裸露在外，随处可见镶嵌有类似贝壳、海螺、海藻等各种海洋古生物化石的石块。因着这些石块，这些古生物化石，奇石罗列的杂木河分外多了

古老的杂木河床

一份妩媚。那些水，也流得格外自豪。

山水，倚山而流；河床，便倚山而成。寻访和生活的路，也便沿着水、沿着山而建。在塔儿湾村附近的独山子，但见半山坡上出现三个石洞。远远望去，像佛陀的头，又像圆睁着眼、大张着嘴巴的孩子蹲在那里。当地的人们说，这是凉州水母三娘的修行洞。抓着山坡上并不多见的救命芨芨草，攀援了上去。迎着刺眼而来的晨光，拜谒水母三娘的修行栖所。洞中并无多见，只有当地村民上香的香炉，祈愿时烧下的灰烬，还有人们供上的几张缘钱。

山有山的故事，水有水的秘密，洞窟有洞窟的传说。神奇的三个洞窟不知从什么时候起就已纳入了人们的视野，谁也说不上。有说是西夏的僧人为了修行而开凿，有说是世人为避战乱而开凿。神奇的三个洞窟是天功所为，还是人力所为，谁也说不清。里里外外的石块构造和分布表现不出人为的痕迹，而洞窟上方一把不知道怎么插入其中的铁制工具更为这里增添了些许的神秘。而真正属于当地村民话语权的，还是“水母三娘”的神话。

当地流传着这样一个故事，古城有三个姊妹，非常漂亮。结果被当地的地主看上了，要霸占为妾。三姊妹非常苦恼，天天足不出户待在家里撵毛线。撵到某一日，三姊妹突然不见了。村民们非常焦急，便四处找寻。找遍了附近的村村寨寨，依然没有找到三姊妹。他们的爹娘回到家里后，忽然发现屋门上拴着一根毛线。那根毛线一直从庄门口向外飘出去，向着南山飘去。老两口儿很好奇，就顺着毛线的方向一直向着南山走。结果到了塔儿湾，看到了他们的三个女儿。可是三姊妹都不愿意回家，都说要待在这里修行。后来，三姊妹就在独山子上挖了三个洞，开始了她们神奇的修行。

“水母三娘”的神奇仙洞

传说中的“水母三娘”，要么是去找水，要么是去护着水源。听着乡村故事会，在自我的神话世界里演绎起另一种版本：很久很久以前的古城，半城水泊半城楼。三姊妹和她的乡亲们快乐而幸福地生活在那片土地上。三姊妹也许做着很精美的瓷器，或者在瓷器上剔着、刻着或者绘着很美丽的图案。大姑娘刻一手很好的忍冬、菊花，二姑娘绘着很美的莲花，三姑娘剔着当地一绝的缠枝牡丹。结果有一天，流过村子的碧水断流了。没有了水，生命将慢慢地失去意义。瓷器，也将在无水的日子里成为一种回忆。三姊妹只好在家里一边念想着远方的水，一边无聊地撵毛线。直到一拨一拨的村民寻水无果的时候，三姊妹坐不住了，她们要亲自去找水。可是，到哪里去找水呢？在经过无数个不可思议的难眠之夜的苦苦思考后，灵性的毛线给了她们一种生的信号和启示。也许，三姊妹的恋水情结融入了毛线，感动了毛线。总之，在某一个黄昏后月朗星稀的夜晚，毛线开始了灵性的探索运动，三姊妹也在毛线的指引下开始了艰难的寻找。走了七七四十九天，九九八十一天，毛线突然停了下来。三姊妹后来才知道，她们到达的地方叫塔尔湾。

就在那里，三姊妹找到了断水的来由。不知是滚落的山石堵住了泉源，还是为富不仁的地主霸占了泉源，或者是神奇的恶兽用一种邪法镇住了泉源，三姊妹历尽了一切千难万险，尝尽了酸辛磨难，最终感动了天神，战胜了那只命运的恶鸟，让汩汩泉水继续开始了生命的流动。最后，三姊妹留在了那里，日日夜夜护着那泉源。后来，她们便成了杂木河的美丽女神。

在凉州区古城镇八五村，阳光照耀下的杂木寺静静地卧在半山腰。一座高塔兀然立着，遥对着远方塔尔湾的三个洞。塔下的一间小房子里，有留存不多的摩崖石刻。在塔的前方，当地的村民们重新修建了杂木寺大殿。里面供奉着碧霄、云霄、

杂木寺

瑗霄三位水母娘娘，她被当地的人们尊为凉州水神。一幅幅“若乳惜水”“水乃国本”“泽被众生”的匾牌，无言地展示着这里的人们对水的感恩和敬畏。

原本洁来还洁去。雪山上来的仙女永远伫立在雪山上，那是一道美丽而感人的风景。

❷ 水边佛城鉴伟业

岁月常常在不经意间掀起历史的波澜。多年前，武威市凉州区武南镇的白塔村还是一片平静的绿野，一条时断时流的老河床寂寞地躺在那里，一通风雨残蚀的塔基被几位刘姓家的喇嘛一辈一辈地守望着。

这条河，就是发源于祁连山的杂木河的老河道。那通塔基，就是藏传佛教白塔寺的遗址。直到有一天，这个名不见经传的村落，连同这通塔基承担起了历史的伟业——当凉州白塔寺成为西藏归属祖国版图的历史见证地时，这块土地聚集了世人的目光。

1992年冬天，在冰天雪地中，中国地名学研究会会员、原武威地区地名办公室主任编辑王宝元在武南镇和白塔村群众的支持下，发掘考察了元代皇子阔端与西藏宗教领袖萨迦·班智达·贡噶坚赞举行"凉州会商"达成西藏归顺中原条款的凉州白塔寺遗址，发表了《凉州白塔寺考察记》。由此引起了各级领导、专家学者、汉藏各族人民的重视。

凉州白塔寺，又名庄严寺，一说因塔身为白色而得名白塔寺；一说因寺内有大塔一座，四环小塔九十九，又叫百塔寺。《安多政教史》记载，白塔寺藏语称夏珠瓦岱，意为东部幻化寺。相传，西凉王阔端为试探西藏萨班法王的法力，让幻化师幻化了一座极为庄严美妙的经堂，请萨班法王观赏。法王看破意图，即施展法力，使幻化师无法解除幻术，所以叫幻化寺。

行走在白塔寺新建的塔林间，遥想760多年前的华夏大地，正是一代天骄成吉思汗的子孙们一统山河、叱咤风云的年代。公元1242年，镇守西凉的阔端王秉承父亲窝阔台的旨意，派使者持金字诏书邀请在西藏颇具影响力的萨迦·班智达·贡嘎坚赞法王来凉州会晤，共商西藏归属中原的大计。法王不顾年事已高，千里跋涉来到了凉州。并于1247年在凉州白塔寺成功地举行了具有历史意义的"凉州会商"，商定了西藏归属蒙古中央王朝的条件。"凉州会商"，避免了一场血腥的战争，以和平的方式结束了西藏近四百年之久的混乱局面。从此，西藏纳入了中国的版图。"凉州会商"后，萨班就留在凉州，弘扬藏传佛教。他以凉州城为中心，按照天地生成的理

与作家贾梦玮参观萨班灵骨塔

论，建成了象征世界四大部洲的凉州四部寺。

公元1251年，70岁的萨班法王在凉州圆寂，阔端王悲痛无比。为了纪念萨班法王为民族统一大业做出的丰功伟绩，阔端王在白塔寺为他举行了盛大的悼祭仪式，并仿照西藏噶当觉顿式灵塔修建了高16寻的灵骨大塔。

白塔寺既是“凉州会商”的所在地，又是萨班法师驻锡讲经的地方，所以这里成了当时凉州最大的藏族佛教寺院。据《县志·建置志》寺观条记载，当时白塔寺范围东西二里半、南北一里半，近似县城规模，号称佛城。当时殿宇内佛像诸多，造型考究，千姿百态，令人目眩。佛城之宏伟、殿宇之庄严、塔林之众多、佛像之优美以及巧夺天工之壁画，实属国内罕见，凉州独有。

寺中无僧风扫地，塔内有佛星点灯。760多年来，这座萨班灵骨塔遗址历经风雨，饱经沧桑，保存了下来。数年前，著名作家胡杨走过凉州时说，当我们步入这平静的村镇，白塔寺迎接我们的，只是苍凉的遗迹，巍峨的建筑和洪亮的诵经声早已不在。作家说，面对一座村庄，面对白塔寺遗迹，抚今追昔，作为真诚的拜谒者，我们内心充满了无比的自豪。

走进白塔寺，巍峨高耸的萨班灵骨复原塔，萨迦四祖塔、如来八塔等百塔林立的壮观气象，一次次激荡起内心深处蕴藏着的浓浓的民族情。观看着白塔遗址，抚摸着元代青砖，嗅嗅岁月的芳香，遥想那一段不寻常的岁月。武威，这座亦古亦今的城市，因着白塔寺而在历史的时空中愈发呈现出一份厚重、一份深邃；白塔寺，因着这段史实而在武威神奇壮美的时空经纬线上愈发定格出一种雄伟神圣的美。

凉州会盟垂千古，祖国统一耀万世。凉州白塔寺，藏传佛教的佛城梵宫，祖国统一的历史见证，维系民族团结的纽带。它作为历史的见证，受到了党和政府的关注和重视。2001年，白塔寺被列为国家重点文物保护单位和“十五”期间重点文物保护工程，同期拉开了重建白塔寺的序幕。

厚德载物。萨班灵骨塔保护加固工程、萨班灵骨塔复原建设工程、塔林修复工程、二层藏式风格的白塔寺遗址陈列馆建设工程以及景区路道、广场等配套设施工程的相继完工，使许多白塔寺的悠远往事穿透漫长的岁月，以另一种形态呈现给了世人。

3 西夏瓷都塔儿湾

塔儿湾，一个非常富有诗意的名字。充满着温馨、明净、空彻和亲切。将这样一个名字和小山村、古遗址联系起来，在纵

静谧的塔儿湾村

横的视野里一点儿也不感觉空旷遥远，宛然在身边。初见名字，便生向往。

数年前，第一次走进塔尔湾。那是深秋的时节，在黄土黄冈黄色的山坡前，西夏学研究专家孙寿龄先生指着裸露在外的西夏古民居房屋遗迹文化层，给我们讲解着西夏瓷马头在这里的问世奇遇。身边的沟渠里，清流潺潺而过。孙寿龄先生告诉我们，只要低下了头去看，满沟渠里，西夏的残片瓷瓦都在向着你微笑呢。

那次告别，带了几块西夏瓷碗瓷瓮的残片，放在了办公桌前。每逢困倦的时候，拿起那些残片凝视，眼前便总是浮现出剽悍的党项汉子在风尘中打马而过遥遥而去的情景。心里便总是会想起塔尔湾，那个小山村。

数年后，再次前往塔尔湾。沿着一条曲折通向山那边的柏油路前行，来到武威城南35千米的古城乡上河村，塔尔湾淡定地面对着我们的到来。

绿树村边合，青山郭外斜。静听涛声远，心与天籁鸣。这里是杂木河的上游。一直再往前行，就会到达杂木河的发源地——天祝县毛藏寺。也许，再越过几道岭，淌过几道河，便会见到大通河，到达青海。这里两岸依山，柏油路的东面至山脚下面，是农家梯田式的耕地。耕地北侧，坐落着几十间土砌的房舍。与巍峨的大山相比，显得低矮而疲惫。听不到犬吠鸡鸣，看不到袅袅炊烟，亦没有人来人往。

初秋的农田地里，万物依然呈现出活泼的、成熟的深绿。在农田地里，有一个被绿草覆盖着的土堆。当地的人们说，这就是塔尔湾寺的故址。沿着土堆边缘，一位妇女正躬着身子，挥镰刈割着野草。阳光照耀着她丰腴亦富有线条的身躯，加上娴熟的劳作，给这片土地注解出了一份健康阳光的味道。我们不知道，她在这里劳作的时候，对这些司空见惯而又属于历史的东西有无丝丝的感想。我们更不知道，她会不会拥有一份踩在西夏的土地上、脚下随处皆有西夏瓷而给自己带来关乎内心的荣耀和自豪。

柏油路的西边，是茂密的丛林。看上去很近但感觉又很远的丛林里传来阵阵涛声。不知是林间杂木河的水声，还是清风许过丛林的问候声，还是我们的心声。

塔尔湾寺故址

这就是塔尔湾，绝对的静美、恬淡。没有都市的浮躁，也没有乡野的粗朴。

而这里，同样是一片有故事、有文化的土地。20世纪80年代初，塔尔湾的群众在农田基建和农舍修建时发现了一批新石器时代文化遗址，同时更惊喜地发现了大量的西夏瓷器和瓷片。1984年和1987年，人们在此又相继征集到部分西夏瓷器，采集到多种瓷器标本，并发现大量的瓷片和灰层堆积物。1992年至1993年，经国家文物局批准，甘肃省考古研究所又对此进行了考古发掘。考古的结果告诉世人，塔儿湾原为一处西夏人居住的遗址。

大夏开国前的塔儿湾里住着什么人？谁在塔尔湾和下了制瓷的第一块泥巴？是谁炼制出了第一个瓷碗，第一个扁壶？鼎盛的塔儿湾迎接过多少南来北往的客？

日月两盏灯，从古照到今。因为昨天，这里成了我国西夏考古史上迄今发现出土西夏瓷器数量和种类最多、釉色和花纹多样的一处遗址，成为目前最有研究价值的西夏瓷窑遗址，成为我国迄今发现的保存最完整的西夏村落遗址。

面对云来云去，花开花谢，塔儿湾不喜不悲。

静谧的塔尔湾，若水，若瓷。

4 古城瓷窑云水间

凉州有古城。此古城，非彼古城。凉州城东南隅，祁连山南麓下，有一个叫做古城镇的地方。融流分润六渠宽。凉州区古城镇位于石羊河流域上游分支之一的杂木河，从山脚下开始繁衍生息，随着淙淙流水一路向南，就有了上古城，下古城。

从塔尔湾到达上古城的时候，已是午间。云，懒洋洋的；风，懒洋洋的；树，懒洋洋的；心情，随之也懒洋洋起来。但在见到凉州区上古城村88岁高龄的张寿仁老人的那一刻起，风云际会的古城引发了强烈的震撼。心，不再懒洋洋。

午间的上古城村，异常的清净。山乡的日头无遮无挂地悬在头顶，团团云彩去留无意，率性而游。没有一丝风，听不到风与树的交流；安静的村落静静地卧着，让人总是想起小时候常在乡间见到的老狗一样，伸着长长的舌头，卧在村头，毫无目的地等待或展望。

穿过村子，向着山的方向走，左手边有一块空地。空地的西北角里，孤独地坐落着一个造型奇特的建筑。圆墩型，像久远的坟包。后面，矗立着不算高的一截烟囱。圆墩前方开口，像大张的嘴，里面让村民们塞满了麦草。不知道是建筑所需，还是设计者的突发奇想，在那开口的左右上方，又有两个小小

古城村里孤独的瓷窑

的洞，宛如人的眼睛。远远望去，就像一个人瞪着眼睛看着前方，又像一个人张着嘴巴讲述着什么。如果在想象中加上后面的那个烟囱，它又像一只动物匍匐在地上，注视着远方，而尾巴高高地翘起。

这就是目前这一带唯一留下来的一个旧瓷窑，制造瓷器的窑。虽然这绝不是西夏的官窑，乃至民窑。但应该是一个具有百年沧桑的窑。如果把一部漫长的瓷器史喻做一段旅程的话，这个窑就是一个驿站的一个信物。她让我们瞻前，让我们顾后。

穿过村子，向着山的方向走，右手边亦有一块空地。空地的前方是一个果园，果园的老墙发着幽幽的光，在正午烈日造就的空寂时空里，让人感觉分外幽深而不可测，仿佛这里凝聚着千古不解的许多秘密。空地的后方，是村民的院落后墙。依墙曾经修建过一些别的房屋。残破的墙壁、遍地的废瓦、几棵孤独的小树暴晒在烈日下。在这里，我们见到了几个不同形制的物件。细细地瞧，应该是烧铸瓷缸、瓦瓮的模具，现在也废弃在那里。而那些残破的墙壁上、墙角上、墙根里，到处都放着大大小小的破瓦片，有的爬着，有的立着，有的躺着，有的斜倚着。而在农家的房顶上，到处都有用瓷缸改装的烟囱、漏雨槽。

无疑，这是一个与瓷有关的村落。

穿过村子，向着山的方向走，在村子与青山分界的水渠旁的大树下，张寿仁静静地坐在一个废弃的磨盘石上。88岁的张寿仁身体依然硬朗，精神矍铄。行走在青山下的村落里，虽然弯着腰，但很让我们振奋。

老人一边走，一边比划着给我们介绍。他说，从他记事起，村子里就开始烧窑做瓷器了。这样一算，古城老窑的年龄至少也应该有百年时间了。老人说，原来这边是白土滩，那边是制泥场，再远些，依次是匠人们的工房、宿舍、生活间……

张寿仁老人回忆昔日古城

在正午的阳光下，从塔尔湾到上古城，还有这里的八五村、上河村，方圆几百里间，一座座偌大的属于昔日的瓷器厂宛如海市蜃楼般地显示在这片大地上，映在我们的脑海里，构建起一座无与伦比、美轮美奂的瓷城、瓷都。

相关资料记载，昔日的凉州上古城，建有两座城，一座是窑城，一座是云城。杂木河一干渠贯穿东西，河之南，是窑城；河之北，是云城。窑城又分为上窑城和下窑城，那里当然是专门烧造瓷器的所在。而云城，则是商业贸易城，主要进行商业贸易与瓷器批发销售。窑城，是生产基地；云城，是销售基地。两城相望，打造出了昔日瓷器制造销售业的产业链条。

为什么叫云城呢？张寿仁老人说，相传古城瓷窑最发达的时候，这里方圆建有48 座瓷窑。每日里，烧窑的烟雾滚滚上升，缥缈于高空，就像云朵一样，笼罩了整个城镇。这，就是云城的由来。

出土于古城的西夏瓷

云城，很浪漫。那烧瓷的烟雾，定然也很浪漫，至少不叫做污染。

古城的人们，就在做瓷、烧瓷、售瓷的路上奔波着。天上云雾在飘，身边河水在流，地下人儿在跑。日子，便像匠人们给瓷缸磨边那样的顺溜溜地滑过。

今天，制瓷已经成为一个美好的回忆。那些散落在村野间的残片瓷瓦，总会在不经意间惊醒一个梦，一个回忆。但随之，便如风如云般飘去。

张寿仁老人说，现在村子上的许多人都外出务工了。村子上的农民每人种着一亩多地，都种些玉米、小麦之类的传统作物。他唯一的儿子也在凉州城里打工，很少回去。

秋日的凉州丰满而静美，阳光呈现着力的劲道。走在这样的季节，走过这样的一条河流，乡愁也变得愉悦而明快。古城小镇正在迅速地转型中，路旁的特色林果欣欣然而向荣。

杂木河，塔尔湾，旧瓷窑，匆匆的或者悠闲的人们，一切都在文化的河床里沐浴着阳光，感受着激流，在创造中等待着下一个千年的传承和扬弃。

远眺双龙沟

我辈虫吟真碌碌，高歌商颂彼何人。
十年醉梦天难醒，一寸芳心镜不尘。
挥洒琴尊辞旧岁，安排险阻著孤身。
乾坤剑气双龙啸，唤起幽潜共好春。

这是“戊戌六君子”之一谭嗣同所写的《除夕感怀》。

乾坤剑气正，双龙长啸唤。醉梦双龙沟，人间共好春。

位于天祝县哈溪镇境内的双龙沟，是石羊大河八大支流之一黄羊河的主要水源地，也是昔日古道上连通凉州与青海的必经之地。

这是一个生存场，这里曾被誉为“西北黄金城”。

这是一个生态场，这里书写着生态与文明的生死轮回。

❶ 石羊河水天上来

小时候，只是在大人的讲述中听说过双龙沟这个名字。那里盛产金子，是梦想家的天堂，是金娃娃的墓场。直到2007年，我走近石羊河溯源而上的时候，第一次走进了双龙沟。

那是祁连山脉的一段。人们说，因为那山形如两条盘龙而得名。

阳春三月，祁连山脚下的春天乍暖还寒。那一天，天下着雪。我们的采访车无法开进双龙沟，哈溪林场的朋友们冒着雪花，用他们的越野车将我和同事送进了双龙沟。

车子在山间路道上迂回盘旋。一面一面的山，一坡一坡的树。没有一袭绿色，落雪覆盖了一切原生态的东西，只有白茫茫的一片。也没有想象中的高山底洼，千疮百孔。同行的朋友告诉我,以前不是这个样子,这是双龙沟治理的结果。

行进在双龙沟里,静静矗立的树们屏着呼吸,仿佛在等待着春天的到来。偶尔还有一两只野兔、野鸡出没在丛林里,显示着这里的丝丝生机。再就是纷纷飘落的雪,以及雪落后默默流淌的雪水,还有走动着的我们。这些动的和不动的都绘成了同一种色调的图案,她的名字叫苍茫。

迎着风,雪打在脸上,不疼,但很冰;背着风,雪落在脖子里,静静地,却很凉。站在这里,望着已经被填平的那些沟沟壑壑,努力想让自己的思绪飞起来,要么飞到遥远的远古或上古,去幻化曾经山色青黛、碧水长流、树木葱郁的美景;要么飞到不远的过去,想象这里人潮涌动、人心狂飞、人欲横流的繁华盛景,同时再想象着一具具怀着"淘金梦"而来到这里,最终却葬身这谷中的无名者的身影。可是眼前出现的除了淙淙的流水,便是潸潸的泪水,盈盈的血水。流水被泪水湮没,泪水被血水替代,红的、黄的、土色的,搅浑了清凌凌的水,然后绝望地四处流淌,撕碎大自然原来的模样,给自己造就了一个沟壑遍地的人工墓场。

站在双龙沟腹地,我们找不到一点点水源,只看到星星点点的雪花,雪花落地后又化作一股股的溪水,然后一条一条地汇集,便形成了石羊河的道道溪流。

站在这里,终于想明白了一句话:石羊河水天上来。

❷ 梦中常忆双龙沟

生命中确实有许多无法避开的邀约。应了多年以来的一种心结,总是想起双龙沟呢哝的絮语。

那是2010年的大月初一，大街小巷弥漫着爆竹的味道。透过一句句的祝福，仿佛看到拈花而笑的尊尊诸神走在红尘里，以大慈大悲的佛态为每个人赐着福、降着祥。因为守着老家的规矩，在母亲永别我们而去的三年里，我独自待在家里，放飞着对娘亲的思念和新春的祝福。

有了较之上班而更充裕的时间，难得抽空捧起久违的《散文选刊》，在匆匆的时态里读几段有别于现实的文章，以压制有些莫名惶恐的心情，同时也滋润滋润干旱许久的所谓思想之源。读着梁凤莲的《从苍茫归来》，畅想着作者穿行落基山脉的心情。无意间，又想起了魂牵梦萦的双龙沟。

"大佛爷手指磨脐山"。这句神秘的民谣里寄寓着多少难解的谶言？《山海经》里说，姑臧南山"多金玉，亦有青雄黄，英水出焉。"藏龙卧虎之象，必为生财发富之地。位于甘青两省交界处的双龙沟，沟内地势平坦，地层中蕴藏着大量的有色贵金属——黄金。黄灿灿的金子，激起了民众的欲望。早在新中国成立前，这里就有当地及周边群众零星采挖。20世纪80年代初，这里突然兴起了一股"淘金"热。来自青海、宁夏和甘肃邻近县市的人们，高峰时达到数万之多的人们，带着不可遏制的"淘金梦"，叩响了寂静的双龙沟。大规模的采挖，在长达27千米的河谷地区，形成了60多处采坑、采槽和700多方的弃渣。

原本属于自然生态的处所，突然之间变成了涌动着功名、利益、欲望的人文之所。沉寂的山谷成了欲望之城，寂静的山野变成了繁华的市场。连片的帐篷，林立的工房，热闹的百货商店、饭馆酒庄，满足了一个大型生产线的需求，而权钱交易、色相交易、毒品交易淹没了山野宁静安详、朴素纯真的生存伦理。在这里，有人欢笑，有人哭；有人一夜暴富，腰缠万贯；有人一来无回，尸骨无存……

黄金让这里出名，黄金同样让这里蒙受灾难。沙金开采增加了人们的收入，但是疯狂的采金活动使双龙沟的生态环境遭到了严重的破坏。采金之处，树木被伐，草皮被踏，形成了千疮百孔的烂沙沟。据一项资料统计，直接毁坏草地和灌木林6300余亩。在人类无限制的欲望操纵下，珍禽异兽销声匿迹，乔灌草林枯萎残死，涓涓细流无声消失……风景如画的双龙沟面目全非，千疮百孔。我无缘见到那时的情景，但从诸多的文章里感受到了那时的双龙沟，她“像一个被极不负责任的江湖郎中开膛破肚地翻弄了一气，而不做任何缝合或包扎的病人的伤口一样，永远敞露在那里，遭受着风吹、日晒、雨淋……”而那淤沙堆积起来的无数的沙丘，宛如一个个坟包，林立在昔日山清水秀的草原上。

草原，终究变成了废墟。

有怎样的因，必将有怎样的果。双龙沟毁灭性的开发，迅速导致了生态链上的“肿瘤”扩散。而最为直接的，便是黄羊河的萎缩和断流。随着人口和牲畜的增多，再加上砍伐森林、破坏草原、乱采滥挖，双龙沟水土流失严重，雪线上升，流向下游的水逐年减少，欢腾而去的黄羊河时时出现断流的情景。

灾难永远不是单向的东西。对双方而言，只是迟早的问题。正如恩格斯所说的那样，你破坏了自然，自然会疯狂地报复人类。这就是人类和自然的灾难。当人类的脚步能够在某个地方自觉停下来的时候，也许就会相安无事，和谐相处。也许这就是梁凤莲所说的那样，要么眺望，要么敬畏。

可惜，这样的道理我们知道得太迟。可惜，许多人虽然知道却一时没有想起。长眠在双龙沟下面的幽魂，还在思考着许多的为什么。但声声叹息和诘问都被尘土湮没，都被山风吹散。离开双龙沟的，常常在噩梦中惊醒，他们的有生之年里忘不了双龙沟的惊心动魄。

哭泣的双龙沟发出了控诉。保护双龙沟，就是保护黄羊河，保护灌区十万群众的生机与发展，保护石羊河流域的长治久安。从1999年开始，当地党委政府开始高度重视双龙沟生态环境问题。2002年，甘肃省国土资源厅批准注销采矿许可证并依法闭坑。市、县筹资40多万元，先期对峡口地段进行回填治理，完成沙方回填60万立方米，回填治理面积达45亩。并在双龙沟矿区实施围栏封育14170亩，造林500亩。2005年，无祝县聘请甘肃地质灾害工程勘查设计院对双龙沟矿区地质环境进行实地勘查，编制综合治理项目报告，积极开展源头保护工作，彻底取缔一切采金活动。

绚烂之极，终归平淡。繁华之后，注定有寂寞或涅槃。双龙沟静静地、默默地为自己舔伤，继续开始千万年不老的修炼。

③ 大佛手指磨脐山

走进双龙沟，可能有许多的便道。但作为黄羊河的水源地，选择溯源而上的路，最能了解水脉的变迁。而依着水的行走，也才有了昔日古道的真实存在。

2015年金秋时节，刚刚完成了大型人类学纪录片《玉帛之路》的创制。我和冯玉雷兄再次相约，走向双龙沟。这次所走的路线是，我从武威城出发，冯玉雷从兰州出发，然后在G30线黄羊镇出口处汇合。然后结伴通过黄灌区，抵达张义堡，然后顺着石头坝、小红沟、哈溪镇，到达今日的双龙沟护林站。

那里也是昔日的金管站，是所有淘金者必来必往的关口。然后进山，翻越牛路坡，沿着直沟河，再到黄花滩。如果条件许可，就可以沿着青水沟、扎马台，到达齐石崖，那里是昔日淘金时设立的总管站。然后到达双龙煤矿，距此不远的地方，就是昔日淘金者的主战场。一直前往，穿越人熊沟，穿越据说现在只有摩托车等可以通过的路道，就可以进入青海的红鹞砚，再到达青海的互助、门源一带。

双龙沟之前的道路，我已走过。要走双龙沟之后的道路，几近奢望。走上这样的道路，只能保定一个心态，能走多远，走多远。一切，靠缘。

而走向张义堡的道路上，不知洒下了我多少的汗水，已经无法记清。这是一段文化之旅，寻梦之旅，清心之旅。因为这里有天梯大佛，有凉州民歌，有河西宝卷，有充满传奇色彩的我的真诚的朋友——赵旭峰。

凉州区张义堡，位于祁连山南麓。有专家说，历史的凉州张义堡，原为汉武大帝时期武威郡下属的张掖县。《史记·平准书》上记载，初置张掖、酒泉郡，而上郡、朔方、西河、河西开田官，斥塞卒六十万人戍田之。汉武帝在河西设郡置县时，姑臧县在今武威城一带，张掖县在今武威张义堡一带，休屠县在今武威四坝乡三岔堡一带，鸾鸟县在今武威城西北一带，令居县在今永登县西北，统属武威郡。自汉开拓“丝绸之路”后，这里已成为中西文化交流的重要通道。此后，汉王朝采取移民实边政策，从内地移民到河西，开展屯田，发展农业生产，发展灌溉事宜。张掖置郡后，这里改名为张义县。

五凉时期，张义堡是姑臧直达青海、宁夏等地最重要的捷径通道，军事要驿。北凉玄始元年(412)，北凉沮渠蒙逊迁都于姑臧，立河西王位，改元玄始。沮渠蒙逊于黄羊河旁的天梯山开凿石窟，塑造佛像。大佛手指磨脐山，寓意于斯，意保河水永不断流。

明朝万历四十三年（1615），河西守指挥何受祖经张义堡，见水激山险，扼守重隘，且灌溉有序，农作葱郁，于石嘴子山峭壁上镌书“山川屹险”四字。巍峨的峰，峻峭的岭，道路崎岖，形如悬梯，当地的人们叫它天梯山。山巅上，曾有常年不化的积雪，文人墨客们称之为“天梯积雪”，跻身于“凉州八景”。

当然，也有热心的人们考证出这是万寿山。《西游记》里那段孙悟空偷吃人参果的传说，让今天的人们在这里打造出了“中国人参果之乡”的品牌。

还有美丽的传说，把这座山叫做磨脐山。传说磨脐山由十八盘金磨组成，有十八匹金马拉着，一年三百六十五天不停地转呀转，把一颗颗金小麦磨成金粉，贮藏在山下的金柜里，造福于那里的父老乡亲。有一天，因为地震还是别的原因，磨脐山开始了命运的飘移。彼时，一尊大佛从西而来，在深含禅意的一指间定住了磨脐山，阻止了磨脐山想要阻断黄羊河水的企图，从而留下了村民美好的期盼和追求。

这一指，为这片土地留下了山、水、佛、云浑然一体的人间奇景，更留下了华夏文明史上值得大书特书的“石窟鼻祖”——全国重点文物保护单位凉州天梯山石窟。

从武威城出发，和《玉帛之路》创制组成员袁洁、冯旭文等一行沿着G30线前往黄羊镇。“一线中通界远荒，长川历历抱西凉。”凉州区黄羊镇，自始以来被称为武威凉州的“东大门”。这里，曾经相继落户的甘肃农大和甘肃畜牧学校、农机学校、水利学校、甘肃葡萄酒专修学院等一大批科研院校，奠定了这片热土崇文重教厚重的文化底蕴。甘肃农垦系统最大的农场黄羊河农场着力打造国家特种药材生产基地、有机葡

考察团一行

萄酒酿造基地和粮食种植基地，为这片土地增添了一丝神秘和辽阔。今天，正在崛起的国家循环经济示范园区甘肃武威黄羊工业园区，又为这片土地带来了新的生机和活力。和冯玉雷相会后，一同踏上新建的黄(羊)哈(溪)公路，去寻访双龙古道，首站依然是天梯山石窟。接待我们的，是赵旭峰，还有天梯山石窟管理处的主任卢秀善和副主任胡鼎生。

赵旭峰，这是一个在当地有着传奇色彩的山乡汉子。生活在天梯大佛脚下，自号古雪斋主人。原来是凉州区中路乡中路小学的一名教师，现在是甘肃省美术家协会会员、甘肃省作家协会会员、武威市民间艺术家协会会员、天梯山石窟管理员。他淘过金，放过牛，做过生意，会耍枪使棒，善书法，善画苍鹰和禅画，发表过许多散文，出版了长篇小说《龙羊婚》。

因为身处有着大量民间文化的宝地——张义堡，在一种责任感的促使下，赵旭峰不辞辛苦，遍访乡下能传唱凉州贤孝、

和朋友赵旭峰寻古探幽

凉州民歌和凉州宝卷的老人，他付出了很多，也收获了很多。在天梯山石窟，年近五旬的赵旭峰常年忙碌着，在不懈的现场讲解和文字推介中放大着“天梯石窟”的声音。

十六国时期，凉州一度成为佛教文化的中心。公元412年，北凉王沮渠蒙逊由张掖迁都武威。沮渠蒙逊是匈奴人，崇信佛教。他的母亲去世后，他散钱济民，下诏大赦。在被昙无谶指点的这座形如出水大龟的山上，沮渠蒙逊召集天下工匠，伐木凿窟，大修佛像，开凿了天梯山石窟。由此计算，这个石窟距今已有1600余年的历史，被中国当代史学家们称为石窟鼻祖——石窟的源头。赵旭峰认为，天梯山石窟，也是我国唯一一个早期的皇家石窟，是第一个被载入史册的石窟。

1600余年前的天梯山，定然是一片繁华热闹。印度高僧昙无谶来到凉州后，和凉州高僧昙曜一道，在叮叮当当的开凿声中，定格下了一道永恒而辉煌的风景。在天梯山石窟里，在天梯大佛的佛光普照下，西域高僧昙无谶与众僧人一道完成了佛教史上具有重要价值的《大般涅槃经》《大集经》《大云经》《慧华经》等10余部100余卷经文的翻译和传播。

北魏灭北凉，“徙凉州三万余家于京师（平城）”。北魏太武帝拓跋焘班师东归时，不仅把三万余户北凉吏民挟裹到了山西平城，还把当时开凿过天梯山石窟和大佛的僧人全带到了山西平城、大同。之后的岁月里，昙曜走向山西，昙曜的弟子走向云南，他们先后在云冈石窟和龙门石窟的开凿中弘扬并形成了凉州石窟模式。中原佛教石窟艺术的成就，闪耀着凉州石窟的熠熠光彩。北朝、隋唐、西夏到明清，延续修建的天梯山千佛洞里，许多著名高僧曾在这里开坛讲经，翻译著述，佛经声声，佛意冉冉。但是，随着一条道路命运的改变，因着道路而产生的一切人事都将发生因缘的转变。这条通向青海的古道废弃或颓败的时候，除了那尊缄默不语的大佛守着石窟群外，很少有文人贤士走进这里。漫漫长夜里，只有大云寺的钟声惦记着她，清人张昭美惦记着她。

盛唐以后，凉州石窟不再见于史册，逐渐销声匿迹。凉州石窟究竟在什么地方，长期以来则无人知晓。民国十六年，武威发生大地震，天梯山石窟被震毁10余处。历经磨难的天梯山石窟，终于湮没在了历史的浩瀚烟云中。1954年，著名美术史学家史岩先生冒着坠入悬崖的危险，腰系绳索，进入洞窟全面勘察。之后发表了《凉州天梯山石窟的现存状况和保存问题》的简要报告，正式揭开了天梯山石窟的神秘面纱。但是，由于史岩先生勘察的石窟究竟是不是北凉王沮渠蒙逊创凿的凉州石窟，众说纷纭，莫衷一是。1959年，因为修建黄羊水库，窟址地处淹没区。敦煌文物研究所所长常书鸿带领天梯山勘察搬迁工作队对石窟进行了清理发掘，并将部分塑像、壁画、经卷和绢画等珍贵文物先后搬到了甘肃省博物馆和敦煌文物研究所保存。由于历史种种原因，常书鸿和他的工作队没有发表发掘报告。致使国内外许多学者一再提问：凉州石窟究竟哪里去了？

1994年，北京大学考古系教授、中国著名石窟研究专家宿白先生不顾70多岁的高龄，亲临天梯山石窟实地考察。经研究考证，中国石窟起源于凉州石窟，天梯山石窟创立了“凉州模式”。

进入20世纪90年代以来，国家文物部门立项修复天梯石窟。2006年新春伊始，在甘肃省博物馆保存了近半个世纪的天梯山石窟文物回到了她的故地武威。2013年，敦煌研究院为天梯山石窟搬迁文物的修复工作编制了详细方案，并进行了修复实验。2014年11月，获国家文物局批准立项，天梯山石窟搬迁壁画、彩塑保护修复项目正式启动，大批珍贵文物的全面修复和原址回归在半个多世纪后成为现实。这意味着被历史文献考证为“中国石窟鼻祖”的天梯山石窟与藏于此的文物将告别长期的“分居生活”。

天梯山石窟是中国早期石窟艺术的代表，文物层叠分布是天梯山石窟壁画和雕塑的重要特征。根据1959年勘查和清理，天梯山石窟尚存19个洞窟，有塑像43身、壁画300余平方米，还有魏、隋、唐汉藏文写经和初唐绢画等珍贵文物。在天梯山石窟陈列馆，赵旭峰饶有兴味地介绍着天梯山石窟的雕塑。这里的雕塑主要以唐代为主，唐代的雕塑分为两种，一种是佛像，一种是菩萨像。赵旭峰指着其中的一尊雕塑，自豪地说，她被中国当代石窟专家、雕塑专家和史学家称为“中国可移动彩塑”的最优秀的艺术造型。她把唐代时期京都少女的体形特征跟古代印度年轻美貌的菩萨的体型特征相互结合起来，实现了人体美、造型美、线条美的结合，被专家称为“东方维纳斯”。

天梯山石窟的北凉壁画是天梯山石窟最早最珍贵的壁画，是证明天梯山石窟为北凉石窟的实物证据之一，也是研究中国早期石窟艺术的代表作品。赵旭峰不单单研究，还潜心临摹。他认为，北凉时期的壁画特征非常明显，内容比较单纯，人物造型独特，神态飘逸，体型轻盈。像这里壁画上的飞天，是弯眉，大眼，细腰，高身。那一尊尊菩萨呢，细眉，厚唇，丰胸，肥臀，表现出很强的艺术感染力。

沿着栈道走向天梯大佛。南眺，黛青色的祁连山脉映入眼帘，层峦叠嶂，皑皑冰雪，如云如练。身畔，棕红色的山体营造着岁月的沧桑。脚下，依着碧波荡漾的黄羊河水库，湛蓝的湖水泛着层层涟漪，宛如一块灵动的碧玉。蓝天、白云、青山、盈盈湖水，在这苍茫的青山下造就了“塞上江南”的灵秀之气。

站在天梯大佛的脚下，一次次倾听过赵旭峰的介绍。这是

赵旭峰临摹的石窟壁画

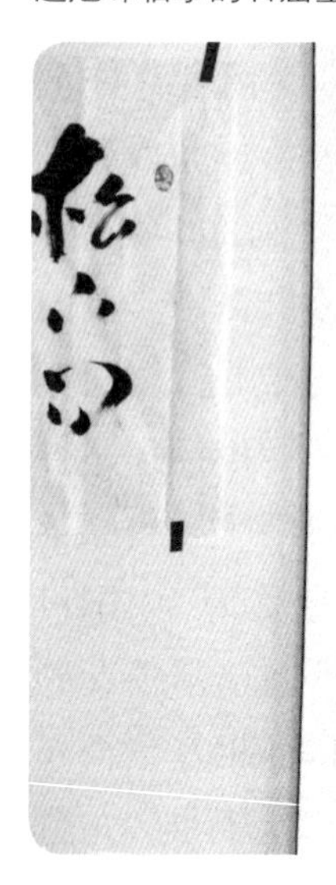

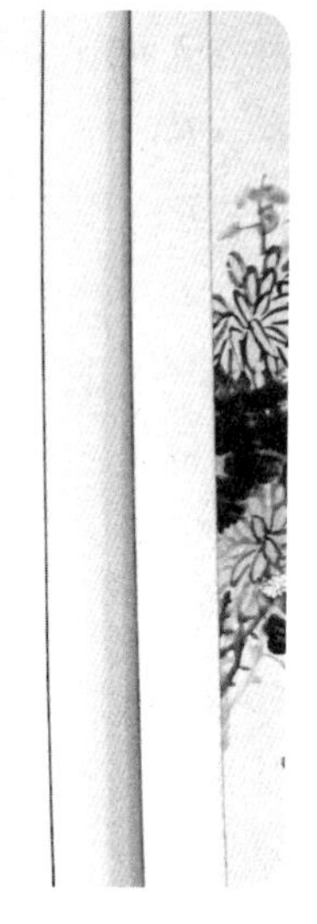

天梯山石窟第13号洞窟。据专家推测，这个洞窟已经有1200多年的历史，大约建于盛唐时期。洞窟高30米，宽19米，进深1米，沿用了北魏时期的建窟风格。释迦牟尼大佛端坐其中，庄严安详，一只手向着对面的磨脐山前伸，显示着大佛不惧人间一切邪恶的力量。左手扶膝，做于愿印，慈悲法印，意思是愿意满足人世间的一切愿望。两旁的阿难、迦叶二弟子塑像，一个神态活泼，一个严肃内敛。文殊、普贤菩萨塑像面目清秀，端庄安详，衣袂如临风飘动。广目、多闻两尊天王造像神态威武，手执金刚杵，怒目圆睁。佛龛顶部绘有龙、虎、鹿、象、树木、花卉等佛本生故事，壁画色彩艳丽，画面线条流畅，不失为古代壁画的艺术精品。

“梵天幽静暮烟深，声教常闻震远音”。今天，这些蜚声中外的佛教建筑已经成为不可多得的历史遗产，它们以不同的方式向世人讲述着武威上下五千年的文化交流史、民族团结史。

面水而立的天梯大佛

水边的佛陀面水而立，将文化的凉州推向中国石窟艺术的前沿和巅峰。北凉为“源”，北魏为“流”，沮渠蒙逊缘此留名于史册，凉州高僧昙曜缘此留名于史册，凉州石窟模式缘此留名于史册。

水边的佛陀默而含笑，散落千万片莲花于这神奇秀美的盆地。佛的教诲走向民间，佛的语言飘在风中，落地，植根，便化为世间的真善美，化为凉州宝卷。

今天的天梯山石窟，依旧在持续进行项目建设。历经坎坷与沧桑的天梯山石窟，继续在风中翻写着属于自己的每一页历史。

4 王哥放羊在古道

二月到来草芽发
响堂峡里种庄稼
王哥一把我一把
种下的胡麻赛头发
大门道里搭了个话
二门道里说实话
我给王哥说句悄悄话
你去给我买手帕
西宁的手帕麻子花
兰州的手帕价钱大
麻子花了价钱大
你去了给我买上吧
要买买上一对子
要爱爱上一辈子……

苍苍茫茫的山，星星点点的羊，裹着皮袄、执着羊鞭的凉州牧羊人走在烈烈山风中。山坡下，凉州女子纵情而歌。她们唱的，就是凉州民歌《王哥放羊》。

2009年的春季草儿刚刚发芽的时候，我和同事们来到天梯山石窟所在地——凉州区张义镇，听到了久违的凉州民歌。那一次，初识赵旭峰。

从“正月大来二月小”，一直唱到“十二月来整一年”。《王哥放羊》，把王哥一年四季的生活唱了出来。在这二月里的吟唱中，王哥要给相好的妹妹买个手帕，可是买哪里的手帕呢？妹妹说，西宁的手帕麻子花，兰州的手帕价钱大，麻子花了价钱大，你去了给我买上吧。手帕仅仅表达着爱情的心意，西宁的也好，兰州的也好，只要买上一对对就好。在孕育着凉州民歌的这片土地上，他们交易的市场在西宁、在兰州。从这儿，应该有这样的道路，可以通向西宁，通向兰州。

听到我们来寻访凉州民歌，赵旭峰早早地约好了由他牵头成立的天梯山民间艺术团的会员们，并准备好了相关的道具。看着那些拿着针线箩儿、行进在田间地头的农妇们给我们演唱《凉州民歌》，心里总是在想，这样老长的歌词，谁能记得住？赵旭峰说，五里不同风，十里不同俗。唱词中的王哥因为有不同的生活，所以也有不同的唱词。当然，因为你眼前所见的景物不同，你也可以随意地创造你心中的王哥。我明白了，凉州自古是个填词的地方，只要那悠扬的乐调、粗犷的风格没有改变，只要你知道这个王哥是个很穷但有情有义的男人，是有个相好的却得不到相好的那种无奈的男人，就能唱出千种风情的放羊人王哥来。武威市文联副主席、市民间文艺家协会主席冯天民这样认为，《凉州民歌》里的王哥这个称谓，是穷苦人的称谓，穷苦人的代表。因此，王哥就是凉州受苦人的典型代表。

听着这土生土长的凉州民歌，一个念头悠然涌起：《王哥放羊》，其实就是唱给凉州男人的歌。凉州的王哥，就是自强自立、坚强执着、稳健而不乏柔情的凉州男人的化身。是的，没有在凉州大地上生活过的人，决然体会不出其间的韵味。这种韵味，凉州男人品得出，凉州女人唱得出。像你，像我。

那一次，天梯山民间艺术团的会员们还给我们教唱了另一首典型的凉州民歌《割韭菜》。歌词的大意是说，5月13日正是韭菜青青的时候。这一日，舅舅来了，给舅舅做饭却没些葱花菜叶，家人便打发二姑娘到马家园里去割些韭菜来，好招待舅舅。二姑娘割一道韭菜，出现一个意外。其实心明的人都知道，这不是意外，是二姑娘相好的书生在探路。面对俏皮而痴情的书生，二姑娘却故意问他是要称韭菜，还是吃萝卜、吃小葱。书生说，不吃萝卜不吃葱，想要姑娘的一点心。男欢女爱的幽会激情，就在这欲躲不躲、欲爱不爱间激荡开来。一首

王哥放羊在古道

《割韭菜》，就是凉州乡间青年男女纯朴真挚的一首爱情恋曲。这样的爱情，决然不是罗密欧与朱丽叶式的，也不是张生与崔莺莺式的，纯粹就是凉州土地上的男儿女儿表达的一种“凉州式”的爱情，真诚而朴素，大胆而不失秀气。

爱情是一首古老的歌，也是一首永远唱不尽的歌。从我国第一部诗歌总集《诗经》的《关雎》开始，人世间便洋溢着无数君子和淑女的故事，诗词中便流淌着几千年来绵延不息的美丽、浪漫与激情。在这芸芸众生的故事里，有喜剧，有悲剧。《诗经》如此，凉州民歌也是这样。《王哥放羊》《割韭菜》，还有《太阳当天过》都是属于凉州人的爱情叙事诗，《王哥放羊》《割韭菜》是爱情喜剧，而《太阳当天过》是爱情悲剧。

“太阳当天过
书生放了学
单怕我的哥哥放过我
路上来等哥……”

就是这样的一个乡下妹妹，在与书生哥哥恩爱之后却成了露水夫妻。痴情女遇上了负心汉，患上了相思病，在十月冰凉的日子里归了阴。凉州民歌《太阳当天过》以幽怨的旋律、细节的渲染再现了他们曾经的恩爱和恩爱后漫漫一年的相思之伤、绝别之痛。

喜剧也罢，悲剧也罢，人类至纯至真的爱情让凉州民歌唱得自然健康、清新纯朴。诗以咏志，歌以言情。之所以为民歌，它是劳动人民在生产生活中口头创作、口头流传，并在传唱过程中经过集体加工而形成的一个载体。人们用它来传播信息、表达情绪、诉说心声。

凉州民歌，纯洁着凉州人的灵魂，滋润着凉州人的思想，养育着凉州人的精神。穷也罢，富也罢，痛苦也罢，欢乐也罢，都是真情的流露。你一唱就想唱，一唱就爱唱，一唱就能记住，而且一唱之后就能钻到你的心里，一辈子都忘不掉。凉州民歌《走青阳》中这样唱到：

“想得深来想得浅
心肠肝花我早想烂
下巴子想成了蜜蜂窝
想得我浑身儿啪啦啦颤……”

这首民歌，唱的是一个走商道的青年男子，在贩卖商品的过程中认识了一个乡村女子，建立了生死不渝的爱情。凉州农村青年男女敢爱敢恨、敢想敢做的这种大胆的爱情生活方式在民歌里得到了宣泄式的展示。像这样的，还有凉州版的《闹五更》。歌中唱到：

“姑娘嘛正十七呀
打发到婆婆家去
一根葱的身材呀
越看越稀奇……”

直白而炽热的表达，就像凉州风，就像凉州汉，不遮不拦，洒脱率性。

凉州民歌有着2000多年的历史，最早以匈奴等少数民族的歌曲为主，公元四世纪左右融入了中原地带的许多汉族民歌，之后又融入龟兹等地民间歌曲，经过千百年的演变发展，成为现在的凉州民歌。这种融合，在现存的凉州民歌中有着明显的痕迹。《小景调》，是非常典型的一首流传在凉州地区的、具有文人气息的民间歌曲。它的曲调听起来非常接近江南的评弹调、江南曲调，它很可能不是凉州本土产生的民歌，而是来源于其他民族或从其他地区流传过来的民歌。

《小景调》《八扇围屏》，它们都是凉州民歌的一支，但这些民歌的唱词中很少凉州的方言土语，有着较浓的文人气息，曲调也加入了一些非凉州本土的音乐元素。但它们落户凉州，便深深地浸染在凉州民歌中。如果有幸再听听《绣荷包》《刮地风》等，更能感受到凉州民歌中的花儿成分。但它们，又不再是原创的宁夏或青海花儿了。

自古凉州出美酒。凉州和美酒有着解不开的情缘。客人来了敬美酒，无酒不成兴；敬酒要唱歌，无歌不尽兴。于是，祝酒歌又成了凉州民歌的一个重要组成部分。当客人落座、锣鼓铃钗准备就位，赵旭峰便在敬酒祝酒中唱响了凉州民歌。赵旭峰演唱的《十道河》几乎在其他地方是没有的，它也是最大型最古老的祝酒歌。就是说同样的词分三种调子，要顺唱下去，然后再倒唱上来，再顺唱下去，而且在唱的过程中，给每一位在座的客人敬酒。

古人煮酒论英雄，凉州人醉酒唱民歌。醉意的凉州人，个个都是民歌能手。酒过三巡意正浓，凉州人在喝酒猜拳中对唱着一句句经典的凉州民歌。畅饮美酒唱民歌，不知道民歌浸在酒中，还是人醉在民歌之中。

凉州民歌是武威文化的不老之根，凉州民歌是天马儿女的精神魂魄。没有了凉州民歌，我们到哪儿去寻找真正属于自己的家？

⑤ 古道长留宝卷音

一位作家说，凉州宝卷，是古驿道上的一根白发。

另一位作家说，它像树根一样负载着一个民族的根基和灵魂。

再访张义堡，是缘于凉州宝卷。

“西凉州俗好音乐”，历史的凉州是歌舞之乡、诗乐之都。被列为全国第一批非物质文化遗产的凉州宝卷，就带着如许的神秘，沐浴着天梯大佛的福露，在凉州张义山区的天堂里恣意生长着。

有一个传说一个神话
流传几千年陪伴我长大
有一枝杨柳一朵莲花
多少美丽的梦神游到天涯
南无观世音菩萨
好想看着您，把那甘露洒
让好人有好报，恶人受惩罚
好想牵着您，说些悄悄话
让世间真爱心中无牵挂
南无观世音菩萨，南无观世音菩萨……

2014年端阳节，我和同仁冯旭文、袁洁、何成裕、刘静等来到了张义堡，在这里聆听、欣赏到了精彩的河西宝卷。

在神圣的开卷仪式后，在齐声唱和了《观音歌》后，念卷活动开始了。打头卷的，是《红罗宝卷》。

“盖闻绣像传古至今，载记红罗宝卷启开，正明菩萨降临世界，传于人间，遗古传今，人人诵念，欢喜大小，永无灾厄。诸佛人等听了此卷，要悔心向善，改过自新，能解厄难。大家静坐细听，莫可顺其耳风……”

开卷首唱的是凉州宝卷传承人李作柄老人。放在唱台前的，是厚厚的、旧旧的手抄本。一道道指纹碾过，显现着岁月的沧桑。颤抖着拿在手里的，是整理出来的打印本，少了些许的神秘。老人的声音奇崛幽深，仿佛是从千年佛窟中传来，悠长而沧桑。

李作柄老人唱了一段，显得有些体力不支，赵旭峰、李卫善便接着老人的顺序陆续念唱。就这样，三人交相更替，在端午

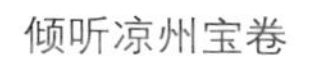

倾听凉州宝卷

节的山野村落间唱响了一曲劝善行孝的正气之歌。

凉州宝卷就是古老而具有乡土特色的RAP说唱。韵散结合，有说有唱。说呢，有板有眼，有条有理。唱呢，曲调优美，千转百回。唱的，有十字句、七字句。无论是十字句，还是七字句，各有各的调儿。

宝卷是一个人的舞台独唱表演。一人唱，众人和。集体朗诵和合唱的接佛声、接下音，实现了民间艺术的互动和共享，让所有在场的人在不同的布景场里共舞着人生的喜怒哀乐。

完整的唱完一部宝卷可能需要一到两天的时间。也许当年的艺人们知道，反正日子总得过，闲着也是闲着，那就慢慢唱吧。白天唱不完，晚上接着唱。唱得困了，暂停一下，来个坐场子，意思就是休息一下。坐场子，可以是听段三弦，漫个花儿，也可以是听众的即兴表演。

一部凉州宝卷，就是一曲东方好莱坞的命运交响乐。不论是佛教类、寓言类的凉州宝卷，还是历史故事类、神话传说类的凉州宝卷，卷卷，都流淌着悲天悯人、感天动地的悲情旋律。《四姐宝卷》《孟姜女哭长城宝卷》《包公宝卷》《落碗宝卷》《二度梅宝卷》……打开每一部宝卷，都有一波三折的悲情故事。一个个让人伤心让人痛的主人公走在风里雨里，穿越在阴里阳里，唱卷人悲情四溢，听卷人唏嘘不已。这样的悲情，不单单表现在卷词里，更体现在唱卷的曲艺和旋律里。

“一更里来好伤心，想起亲娘放悲声。爹爹今日把亲娶，妈妈在阴曹怎得知。我的天啊，妈妈在阴曹怎得知。

“二更里来痛伤情，母亲丢下我好伤心。新娘连你同床睡，丢我一人受孤单。我的天啊，丢我一人受孤单……”

杨海棠赴阴去绣红罗了，留下了可怜的小仙哥。小仙哥的父亲那夜新娶亲，小仙哥痛哭想娘亲。小仙哥想哦，哭哦，就唱起凉州小调哭五更来了——

“三更里来刚睡着，梦见亲娘绣红罗。抱住亲娘放悲声，醒来爬在冰炕上。我的天啊，醒来爬在冰炕上。

“四更里来泪悲涕，孤孤单单好酸心。昨晚我和爹爹睡，今夜当时成孤鬼。我的天啊，今夜当时成孤鬼。

“五更里来天渐明，炕上冰得睡不成。想起亲娘泪纷纷，从今以后怎活人。我的天啊，从今以后怎活人……”

在凉州宝卷里，一唱三叹的“哭五更”调出现的最为频繁。赵旭峰说，这样的哭五更，王昭君哭过，霍去病大将军也哭过。

将悲情推向极致的，还有莲花落。莲花落据传是伍子胥落难时所唱的乞讨歌，调子极是悲戚。落难了么，肯定心里难肠。

卷正念到伤情处，听众泪水盈盈。突而唱腔一转：“哩了哩了莲花落呀……”一场子的人都齐声附和：“哩了哩了莲花落呀……”在漫漫的故事情节里，莲花落适时地打起，又落去，唱得痛快，和得妙曼，痛得酣畅，悲得亦淋漓。不管你会不会宝卷，听得久了，也将不由自主地跟着风，打上几次莲花落。彼时，乡村的夜晚天籁俱寂，万籁齐鸣。

一部凉州宝卷，就是一首优美的长篇叙事诗。创作了宝卷的那些人，定是语言的大师，文学的天才。强烈的善恶对比，恣意的大幅排比，精致的细节白描，巧妙的语言表述，激昂的抒情渲染，将文学的种种美好扬扬洒洒而淋漓尽致地全盘托出，匠心独用。杨海棠绣红罗，绣得件件各不同。件件唱十

纪录凉州宝卷

绣,绣得有眉有眼,唱得有滋有味。

一部凉州宝卷,更是一部人类的文明史、哲学史。听了一部部宝卷,最难忘的是对百姓期盼的青天父母官的念唱,是那样的情真意切——

梅老爷来是父母,看护百姓如儿女。
走了青天怎能忍,送别老爷到长亭。
青天一走何处寻,历城百姓无福份。
梅公老爷去上京,不知新官清不清,
走了救命观世音,众位百姓放悲声……

酒色财气是魔障,劝君跳出四堵墙。古往今来,多少鸿篇巨章对此高谈详论,而《湘子宝卷》对酒色财气的念唱寥寥数段,却发人深省。

色字唱罢，又将财字唱来——
放下色字将财唱，人人为财哭奔忙，
士农工商把财讲，也有为财为工匠。
也有为财作妓娼，也有为财天涯断。
也有为财薄高堂，也有为财不来往。
也有为财败伦常，也有为财失朝纲。
石崇恃财身早丧，何曾仗财后不昌。
劝君回头把道访，身中三宝富贵长。
炼成金刚天堂上，富腾王侯永无疆。
唱完财字将气唱，气字更比财字长……

人生在世破不了的四大魔障，凉州宝卷唱得如露入心，醍醐灌顶。质朴浅显的语言，微言大义的教育，显示出了根的力量，灵魂的魅力。

善有善果，恶有恶报。倾听宝卷，人们在别人的故事里流着自己的泪水，寻找着自己的人生。泪流尽了，宝卷也要结束了。自古穷人难活，宝卷就要给人一个活下去的盼头。过程是凄惨的，是辗转的，但结局一定是要完美的，否则跌落一地的泪水和咬得发酸的牙如何安放？像杨海棠那样死去的好人要活过来，像小仙哥那样受了苦的人一定要享上福，像后娘那样做了恶的人一定要得到恶报应，该记住的做人的道理自然随着进入心灵的那个好人而刻在生命里。这样，唱卷人和听卷人都在美满中咀嚼咀嚼做人处世的种种因果，再开始新的生活。

识字人念了卷大有功德，听完了这本卷永福随身，
要问书从古传红罗宝卷，劝世人传世间劝恶从善……

在一个人的精神世界里,童谣最动听,故乡的歌谣最美丽。一想起,心就朗朗地润起来。心润,不是歌有多好。是因为,歌里有你有我,有一片土地的灵魂。凉州宝卷是河西宝卷的一个重要的组成部分。河西宝卷流传在河西武威、张掖一带,凉州宝卷重点流传在凉州、古浪一带。凉州宝卷是唐代的变文和宋代的俗讲、说经演变发展而形成的一种说唱民俗文学。从广义的角度来说,宝卷就是一种变文,是属于变文的范畴。变文是唐代产生的一种说经文学,属于佛教文学的一个种类。变文演变成了俗讲,俗讲又演变成了说经,然后又演变成宝卷。而变文主要采用的是古代印度佛经的结构形式,内容多为佛教故事为主。但是宝卷经过变文的发展,更加的民俗化、地方化、本土化,形成了地地道道的中国说唱文学的一个种类。当地人称它是民间俗文学、俗家经卷。

很早以前,赵旭峰听乡村上的老年人说起,天梯山大佛寺有18部经卷,被和尚挨饿的时候换吃的换到了民间。在一个偶然的场合下,赵旭峰看到了宝卷的内容。他认为,不论是佛经故事,还是其他的历史故事,在凉州宝卷里都表现得非常的离奇曲折。而浓郁的文学色彩、赋比兴手法的运用,更为文学创作带来了动力之源。不论是出于对凉州宝卷的保护拯救,还是对文学的继承滋养,赵旭峰下定决心,要搜集流散在张义堡的18部大型宝卷。十多年光阴里,赵旭峰不辞辛苦,和志同道合的伙伴遍访乡下能传唱凉州宝卷的老人,在寻访、查找、借阅、誊抄、校勘、打印中,苦心孤诣地抢救、整理着凉州宝卷。待在张义山区的老家里,赵旭峰的夜生活没有城市的灯红酒绿,茶肥酒瘦。赵旭峰的夜晚是丰富的,是宁静的。一部部珍贵稀奇但鱼龙混杂的漫漫长卷,就在这一个个的晚上整理抄写过、去粗取精过、传承创新过……

赵旭峰收集到的凉州宝卷

一片土地的灵魂，不会在城市的霓虹中闪烁，不会在繁华的场景处张扬。它像血液，像空气，无声而永恒地融入大街小巷、街头巷尾，融入当地人的油盐酱醋、言行举止乃至为人处世。

归去来兮，就在这千年古道上，声声宝卷流传几千年，陪伴你我长大……

⑥ 寻访古道望双龙

顺着这条佛光照耀的人文之路前行，回归现实世界中的生态之旅。

即将出版的《武威市水利志》上记载，黄羊河发源于天祝藏族自治县境内的双龙山、磨脐山、葫芦垴——黑沟山一线，有峡门河、哈溪河两条主干流。

峡门河上源的西沟、北沟于红腰岘、两头翘处与杂木河的红沟东西背向分流，汇孢牛嘴、龙吸珠槽、药草沟、双龙沟、妖魔沟、小清水沟以后，流向折转东北，又有清水沟、黄草沟汇入，此段叫黄花滩河。其下有抓泥沟、直沟河、套牛洼峡三水流注，始名峡门河。峡门河及其以上长约58千米，为黄羊河正源。

哈溪河上源的东、西套子沟，分别与黄河水系的金强河的清河、克依沟南北背流，下有尖山沟、庙儿沟辅注，从东南流向西北，长度39千米，两流于谢家台东侧汇合，进入张义山区盆地，始称黄羊河。并右汇大、小栒子沟，大、小虎目盖沟等，左纳大、小红沟、西长大沟、小西沟、塔尔、哈家、石头、阿林等沟10余条间歇性沟系，均蓄贮于黄羊河水库。昔日，黄羊河主河

“塞上江南”怀抱里的黄羊河水库

道流经凉州区清源镇注入白塔河，于羊下坝镇北侧汇入石羊河，全长126千米。

黄羊河，又名黄羊川，西汉时叫“谷水”，《水经注》中记为“五涧水”。明朝时随着屯垦、灌溉事业的大兴名为黄羊渠，清初简称黄渠。

黄羊河灌区在武威东南部35千米处，东靠古浪，南邻天祝，西与杂木河灌区相依，北部和腾格里沙漠相连，流域总面积1142平方千米。黄羊灌区早在汉代就开始了灌溉农业。明代，中原移民至此开展屯田，形成了7条人工或半人工灌溉坝沟。清朝雍正初年，从青海流入山区的藏民4200多人垦荒600多亩。到清乾隆年间，黄羊渠已有耕地18万亩。

1958年，黄羊河水库工程动工兴建。1960年11月，水库竣工蓄水，总库容5644万立方米，设计灌溉面积31万亩。

溯源而上，告别黄羊河水库，顺着天梯大佛仙手所指的方向，驱车直往天祝县哈溪镇。哈溪，是去双龙沟的必经之地，是这条昔日古道上重要的节点。那时候，班车经过金盆张义到了天祝县哈溪镇，就不再前往。要去双龙沟，就得转乘大卡车。因为山路崎岖，只有大卡车才能翻过一道又一道的山，最后到达黄金谷双龙沟。这个沉寂的乡村集镇，是淘金客的中转站，是每个人命运的分水岭。无论是从凉州方向前往双龙沟的人们，还是从天祝、古浪方向前往双龙沟的人们，都将在这里汇合，然后开始进山，去实践命运的好与坏，占卜前路的明与暗。

雨后的哈溪镇异常的清新而静谧。新建的通村公路两畔，是绿油油的田地，还有武威这几年强力推进“设施农牧业+特色林果业”主体生产模式而兴建起的日光温室和养殖暖棚。沿途所见的房舍虽不破旧，但亦透露出乡村的苍凉。街

前往双龙沟的集结点哈溪镇

送别在哈溪路口

上少有行人，偶见几位老者蹒跚走过，他们连同空中浓得化不开的云，一道溶化为这次双龙古道行的大背景里浓厚的情绪。透过车窗，一位身着藏式服饰的女子和他的家人们站在公路边，也许他们在进行着一场送别。那鲜艳的服饰、纯朴的容貌和那天真可爱的孩子，为这座古镇增添了新的希望和色彩。

大约行走了半个多小时的行程，便进入了沙砾山路。峰回路转，一个关卡挡住了前行的路。这里，已被甘肃省祁连山国家级自然保护区管理局列为公益林管护区，并设立了哈溪自然保护站。“一夫当关，万夫莫开”的关卡，专门管理着一切进出大山的人畜车辆。对此，心中是既忧且喜。忧的是，我们能不能通过关卡继续探寻前方的路？喜的是，政府的这一举措，无疑将会为黄羊河的源头装上“安全阀”，让那里的树们、水们、生灵们，过上安然无恙的生活。

赵旭峰和胡鼎生非常热情。他们向护林站的守门人耐心地证明着自己的身份，解释说明着此行的目的和去向。纯朴热情的守门人按照规定办理了相关的请示、登记程序后，终于同意我们进山考察。

九曲回环着的路段叫做牛爬坡。顾名思义，这是一段比较难行的山路，就像老牛爬坡一样，必须持重奋蹄，低首前行。峰回路转，移步换形，从每一个侧面看去，大自然都是鬼斧神工的艺术巨匠，在苍茫的大地上泼墨出一幅幅风格迥异的山水画来。

一路走来，海拔陆续上升。赵旭峰告诉我们，从黄羊河到直沟河，一直到青峰岭，这里的山川依次呈现出山间盆地，山地荒漠草原，高山、亚高山、草甸草原等地貌形态。山区植被，也因不同的高程分布着不同的植被类型。

走向牛爬坡

这里是植物的海洋。山南山北，处处都是苍松翠柏、冬青乔木。次生灌木丛茂密，草本植物繁多。从高到低，大自然呈现着立体的、多彩的自然之美。一束束奇异绚丽的叫不上名字的花，在这寂静的山野里争相绽放着生命的美丽。走上山坡，赵旭峰给我们教认着所谓的格桑花。在想象的世界里，华锐高原上盛开的格桑花儿应该是那样的粗犷、豪放，或者富贵、娇艳。没有想到，让无数诗人和歌者难以割舍的格桑花，会是那样的娇美，那样的内敛。

这里是动物的乐园。当地人讲，这里曾有雪豹、黑熊、马鹿、麝香、野鸡等出没其间。2007年，当我走进双龙沟的时候，亲自见到了奔跑的野山鸡，我的同仁马延河还抢拍下了那美丽的一瞬间。而在赵旭峰的《龙羊婚》里，还叙述着一个关于人和熊的性情故事。大家都为这个故事的真与假而争论着。但是赵旭峰一脸真诚而不无狡黠地告诉大家说，那是真正的故事。在今天的山沟里，遍野都是自由自在的绵羊和牦牛，她们气定神闲地生活在自己的世界里。

这里还是一座天然的水库。万派寒泉日夜流，数百条从各个方向而来的小溪涓涓荡荡，总像调皮的孩子一样，依恋在你的脚下、身边，绕个圈，吐个泡，然后向着远方而去。走在这里，山是湿漉漉的，土是湿漉漉的，空气也是湿漉漉的。难怪有人说，在天祝，拧一把空气，都能拧出水来。在这样的气候里，苔藓结在每一块石头上，留记着岁月的信息。

山、水、林、草、物，就这样交相辉映，绘制成了一幅精美绝伦的山水大写意。

行程匆匆，临近黄昏，不得不停下前行的步伐。站在直沟河畔的制高台上，赵旭峰、胡鼎生介绍着前方的路况。玉雷兄

双龙沟山水大写意

在远眺中梳理前行的道路

一边眺望，一边感受，一边聆听，一边绘制着地形草图。脚下，草甸润绵。身边，流水淙淙。远方，群山起伏。风，和煦轻柔；云，卷舒自由。青山横空，积雪皑皑，钟灵毓秀，如梦如幻。

“神龙西跃驾层峦，万古云霄玉臂寒。”那最远处的，是一座叫青峰岭的山峰。这个名字透着犀利的冷峻，有一些冰清玉洁，有一些仙风道骨，亦有些江湖悲壮。青峰岭，是双龙沟的尽头。青峰岭的那边，便是青海省。青峰岭的雪水冲下来，千年流万年淌，便在双龙沟里留下了沙金。那青峰岭，才是“金源”的真正所在。昔日，南边的青海人和北边的甘肃人为了瓜分青峰岭的金矿石，一次次地发生械斗。青峰岭，就变成了一个硝烟弥漫的战场。

以青峰岭、双龙沟为偌大的背景，赵旭峰写下了长篇小说《龙羊婚》。甘肃作家马步升在为他所写的书评里这样说到，双龙沟是一个特殊的生存场，来到这里的人，必须秉持着一种特殊的生存理念。当怀有生物性、人性、社会性的人，在踏上通往双龙沟的旅途当中，首先要攻克的第一个关口便是祛除身上的一切文明成果，用动物性占领自己身体的和灵魂的所有空间。今天，赵旭峰站在这里远眺双龙沟，又能在寂静中读出多少的况味呢？

赵旭峰说，顺着双龙河翻过青峰岭和红疙瘩的垭口，就到了庄浪河的上游金强河源头。山的那边，就是马牙雪山。

迎着天梯大佛召唤的手，在落日余晖里返回张义镇。同行的天梯山石窟负责人胡鼎生提及，在位于这里的武威市第十一中学校内，有着古城的城墙遗址。驱车前往，见到几堵夹在新建校墙与房舍之间的残垣断壁。问及当地的老者，对此大多都有着模糊的记忆。只是听他们的长者说过，昔日的古城很大很大，有南门，东门。但具体位于哪里，现在基本上没人能够说得清楚。

站立直沟河河床

寻找张义古城的老城墙

张义石头坝的石磨

黄羊河水力资源比较丰富，早在明朝时期就利用水利建设水磨进行磨面、榨油、造纸等小型手工业生产。1960年灌区仍有平轮、立轮式水磨30余盘，水碾1盘。在今天的张义镇石头坝村，还存有一座水磨。在今天的西北农村，这样的水磨已不多见。几千年前，孔子站在奔流不息的大河前叹息道：逝者如斯夫，不舍昼夜。今天，我们站在这奔流不息的水磨前，又该是怎样的一种心境呢？

旋转的水磨、粗犷的民歌、苍老的村民，一种古色古香的滋味一瞬间内弥漫开来，一瞬间内幻化成遥远的诗经、遥远的甲骨文、遥远的丝路……许多的东西会转瞬即逝，但精神不能死亡，生命之树定要长青。

尘归尘了，土归土了。日日夜夜里，谁在临风起舞，谁在对月弄影，谁在吟唱着双龙沟不绝的歌行？

穿越昌松道

开源从汉始，辟土自初唐。
驿路通三辅，峡门控五凉。
谷风吹日冷，山雨逐云忙。
欲问千秋事，山高水更长。

这是清代诗人丁盛写下的《咏古浪》。

许多人知道武威市古浪县，也许是从“一夫当关，万夫莫开”的古浪峡开始，也许是从“要想挣票子，走趟大靖土门子”的谚语开始，也许是从悲壮的西路军的故事中得知。

古浪，藏语为古尔浪哇，意为黄羊出没的地方。在没有真正走进古浪之前，古浪留给我的影响是寂寞、贫穷、荒凉。与满野奔跑的黄羊没有关系，更感受不到“云海苍茫迷客路”的魅力。清代乾隆版《古浪县志》云：“古浪有三渠，曰古浪、土门、大靖渠”。走过古浪，穿越过三渠的影子，透过史书上记载的和戎城、朴环城、揟次城，经纬交织出的“九宫格”里映射出古浪的美丽。古浪，那是上天在河西走廊上飘下的一片美丽绿叶。

而从凉州出发，或沿着金色大道前行，或沿着营双高速、省道308线前行，抑或沿着十条山公路前行，抑或在G30线上前行，从不同的方向穿越昌松古道时，你会发现，那片美丽的绿叶，已变成一朵灿然怒放的鲜花……

❶ 金山丽水润古浪

《寰宇记》中记载道：“金山，在昌松县南，丽水出焉。近人咸以为金山丽水为云南地，不知原在凉州也。”《元和郡县图志》中记载:“昌松县西北至凉州一百二十里,本汉苍松县,后凉置昌松郡,县属焉。开皇三年改为永世,后以重名复为昌松,有丽水府在县城中。”

根据这些散见于文献中的资料,今人们根据地图和卫星摄像图实地测看后认为,这里的昌松,就是古浪;这里的金山,应该就是今天的毛毛山;这里的丽水,就是今天的古浪河、大靖河。

昌松故里,丽水潺潺,诉说着这片土地上山川河流的变迁。

古浪河,石羊河流域的八大支流之一,是古浪县境内最大的一条河流。汉代的时候被称作松峡水,唐朝的时候叫做醋沟。古浪河发源于祁连山的支脉毛毛山和乌鞘岭北麓,分水岭西南以乌鞘岭为界,东以横梁山为界。主要支流有自东南向西北流的黄羊川河,由南向东北流的龙沟河,两条支流到十八里堡汇合后称为古浪河。其间,从南向北的大南冲河、庙儿沟

古浪河水流过古浪峡

入注黄羊川河，从西向东的张家河、萱麻河入注龙沟河。

古浪河经过古浪峡出峡后，到古浪县城又汇入发源于天祝雷公山由西向东流来的柳条河，灌溉着古浪平原的农田。下游尾水在武威的营盘坡入注红水河。古浪河主河道全长137千米。20世纪50年代末和20世纪70年代，人们先后在这里修建了曹家湖水库和十八里堡水库，对支流的黄羊川河、龙沟河进行调蓄。柳条河上修建有柳条河水库及尾部的龙泉寺塘坝。

红水河，古名长泉水，亦称洪水河，它位于古浪河洪积冲积平原下部，武威城东八十里大沙漠的西缘。红水河道系第四纪冲积沙土层，土质松软易冲刷，沿途没有支流河沟汇入。红水河流经凉州区长城乡五墩村以下，穿越古长城，进入边墙内侧，开始蜿蜒穿行于荒漠中，至民勤县蔡旗堡以南，在黄花寨子附近汇入红柳湾河，最后汇入石羊河，红水河全长约60千米。

涉过荒漠的红水河

高沟堡遗址

清晨趟过红水河

先有高沟堡，后有凉州城。2009年以来，我从不同的方向走近红水河，领略了沙漠流水，看到了高沟堡。

2015年国庆长假，工作在外、酷爱摄影的兄长徐永茂回到老家，和姐姐徐雪英、外甥魏才明专赴红水河取景拍摄。清晨六点多钟，我们便从凉州区下双乡沙河村取道前往红水河。不料，河水阻道，我们只好趟过秋日早晨微寒的河水，到了对岸。

因为红水河的存在，昔日荒芜的沙漠地带已经成了凉州区张义堡山区移民新建的家园。沿着河道一路前往，我们看到了蜿蜒于红水河两岸的长城，看到了两座已经修复的长城墩，看到了营儿古城和乡间传说已久的十墩庙。今天，长城乡境内的红水河，已是景电二期工程民勤调水工程的一段天然河。武威市在此治沙造林，打造着红水河千里生态长廊。

红水河畔的长城

营儿古城遗址

古浪河灌区，这是一个古老的灌区。远在4000多年前，这里就有人类繁衍生息。人们依水而居，依水而生。汉武大帝在古浪河小桥堡一带设立苍松县，设立西山坝，即今天的古丰灌区，并开始移民屯田，开渠引灌。同时在中游设立朴环县、揟次县。东汉时，苍松县改为仓松县；三国属魏，复为苍松县；东晋前凉时，又改为仓松县。后凉至唐521年，这里设置昌松郡、县。

隋末，武威郡鹰扬府司马李轨自立，号称河西大凉王，史称大凉政权。金城薛举遣兵进攻凉州，李轨派兵阻击于古浪，全歼薛举之兵。

为了保证"河西走廊"的畅通，加强与西域的联系，唐朝决定在"丝绸之路"沿途增设关隘，驻兵防守。武则天大足元年（公元701年），通泉县尉郭元振"迁凉州都督陇右诸军州大使”。郭元振来到凉州，发现“凉州封界南北不过四百里，既逼突厥、吐蕃，二寇频岁奄至城下，百姓苦之”。郭元振“始于南境峡口置和戎城，北界碛中置白亭军，控其要路，乃拓州境一千五百里，自是寇虏不复更至城下。”郭元振在古浪峡口所筑的和戎城，位置就在今天的古浪县城。此后，朝廷陆续沿河建立了黑松驿、安远驿、西山堡。一系列的城池驿站，形成了扼守凉州的坚强臂膀。

“安史之乱”爆发后，河西军力空虚，吐蕃乘机卷土而来。唐广德二年（公元764年），凉州被吐蕃攻陷，和戎城也落入吐蕃之手，后被吐蕃所废弃。1226年，和戎城为蒙古军占据。作为河西走廊东端的一个重要的军事要塞，蒙古统治者在和戎旧城设巡检司，属永昌路。明朝洪武五年，宋国公冯胜平定河西，“居人逃散，和戎境虚”。洪武十年，凉州千户江亨防守和戎，改名古浪，大修古浪城。自此，古浪之名，一直沿用至今。

古浪河灌区东靠大靖河灌区，南依天祝藏族自治县，西邻凉州区黄羊河灌区，北与腾格里沙漠接壤，是古浪灌区农业生产、工业用水及人民生活用水的唯一源流。灌区由山地、平原、沙漠、滩地等多元构造地貌形态组成，丘陵遍布境内，南部是以毛毛山、乌鞘岭和平顶山为主峰的山脉，中部是倾斜平原和洪积扇地及白板滩、永丰滩地，北部是浩瀚的腾格里大沙漠。昔日的古浪灌区沼泽遍地，泉涌其上。这里有大小不等的河流和旱滩湖泉30余处。人们沿河而行，守泉而居。泉旺而人聚，泉涸而人散。20世纪50年代，黄羊川的湖里水草茂盛，多有水禽、白鹤等栖息在陆家湾的大树上。“土门漪泉”组成了美丽神奇的“土门八景”。 面磨、油磨、水碾等一座座水磨在古浪河水的爱抚下唱着欢快的歌。山清水秀之地，必有黄羊出没，赢得“古尔浪洼”之名不足为奇。

② 金关银锁洪池谷

武威人豪放，说话率直却不失诗意。说起自己做事顺当利索，总会这样去表达“翻过乌鞘岭，闯过古浪峡，就进了凉州城。”凉州城是家，是目的；乌鞘岭象征着一种高度，一种困难；古浪峡大有“一夫当关，万夫莫开”的险峻，但激流勇进中的武威人却显示出过五关、斩六将的豪迈和洒脱。

古浪峡，又称“虎狼峡”。唐代称“鸿池谷”，也叫“洪池谷”。乌鞘岭古称“洪池岭”，越过岭后的山谷便成了“洪池谷”。此名大抵由此而来。长达30千米的古浪峡位于古浪县境内，是祁连山脉的一个组成部分，南连乌鞘岭，北接古浪县城。峡谷险峻陡峭，两面峭壁千仞，势似蜂腰，天然地形成了阻隔东西交通的雄关险道。

“万树清秋带夕阳，昨宵经雨更青苍。高山急峡蛟龙斗，流水声中到古浪。”清朝陕西学使许荪荃的《古浪》诗，描写了古浪峡壁立千仞、流水滔滔的情景。

古浪知县常州人徐思靖在一首诗的小序中写道：“古浪峡两山夹水，松林在南，铁柜山在北，一线西通，形胜比潼关、函谷；而道旁高崖坠石，岌岌乎岩覆，过者神悚。”古浪峡峡口有边墙山与古龙山分列东西，就像守卫峡谷口的两位哨兵。进入峡谷，行5千米至十八里堡，可远远看见一座直插云空的陡峭奇峰，峰顶东端一块巨石突兀而出，若山鹰之喙，横空悬挂，欲飞欲坠。因喙下常有碎石滚动，因此当地人称此鹰嘴山崖为“滴泪崖”。

与“滴泪崖”隔峡谷相望的，是形似巨柜、高峻嵯峨的“铁柜山”。当地人传说，峡谷西边的“山鹰”想要飞至峡东，抓开

“铁柜”巨锁，取出柜中的金银财宝，但始终没有达到目的，所以“山鹰”一直在那里盯着“铁柜山”。

在铁柜山下，曾长年横卧着一块巨石，人称昌松瑞石，又名甘酒石。唐贞观十七年十一月，凉州都督、凉州道行军总管李袭誉上书太宗，言凉州昌松县洪池谷天降瑞石，上有“太平天子李世民，千年太子李治”等88字奇文，一时轰动朝野。昌松瑞石的出现，使古浪峡声名远扬。

在“滴泪崖”和“铁柜山”之间，谷地狭窄，怪石嶙峋，高崖坠石，河水奔流。站立此间，“崖崩石坠不可数，鸟径插天天与伍。谷中仄道车马通，盘旋百折如游龙。山下滩声险成吼，一夫当抵万夫守。”知县徐思靖发出了“蜀道之难过上天，我今独立秦山前”的感慨。

古浪峡滴泪崖

古浪峡昌松瑞石

“驿路通三辅，峡门控五凉。”古浪峡“扼甘肃之咽喉，控走廊之要塞”，史有“秦关”“雁塞”之称，被誉为中国西部的“金关银锁”，历来为兵家必争之地。《五凉志》中称，“此地足资弹压，诚万世不可废也”。清代武威人张玿美在编修《古浪县志》时也描绘道：“峻岭居其南，岩边固其北。峡路一线，扼甘肃之咽喉。河水分流，资田土之灌溉。近而千锋俱峙，远则一望无涯。”史家称，“河西之战十有九战于古浪，古浪之战，十有九战于古浪峡。”云树苍茫迷客路，边风萧飒透征裳。古往今来，古浪峡以其险要的地理位置、悠久的人文历史和绮丽独特的风光，引得无数英雄在此说成论败，无数文士在此赋诗作篇。

和戎旧迹已凋残，古浪风高勒马看。从乌鞘岭到黑松驿，从十八里堡到谷口，古浪峡山势逶迤，山道曲折，兰新铁路与312国道横贯而过。林木苍苍，峡路迢迢，从遥远的金山上而来的丽水，迈着欢快的脚步，淙淙流过，迂回蜿蜒……

③ 追寻军魂思古道

2011年春节刚刚过去，武威大地春寒料峭。凤凰卫视专栏作家杨锦麟、甘肃省社会科学院研究员董汉河带领采访团走进了武威。他们的选题是西路红军的悲壮西征。说西路红军，武威是绕不开的点，古浪更是绕不开的点。在此之前，位于武威市古浪县城的古浪县烈士陵园刚刚被列入全国红色旅游经典景区二期名录。

顶着凛冽的寒风，陪同采访团走访了西路女英雄被囚禁过的武威"新城"——满城，走访了马步青部寻欢作乐留在武威的"蝴蝶楼"和河西大旅馆后，一同走向古浪县城。

那一日清晨，阳光明媚。我和同事何宏德、马延河，陪同凤凰卫视采访团一行来到了古浪县。在当地老人们的认知世界里，古浪县城里最为人们所说道的一个地方是"万人坑"，那是

烈士纪念碑前，董汉河接受杨锦麟采访

当地的百姓们掩埋红军烈士遗骨的地方。它，就是今天的西路军古浪烈士陵园。清晨的古浪县城呈现着一派祥和温馨的气象。沐浴着晨光，采访团庄严肃穆地走向烈士陵园西路红军纪念碑，敬献花圈花篮，凭吊革命先烈，告慰英雄英魂。

西路军西征的战事发生在1936年。这座烈士陵园，记载着那段历史，见证着西路红军浴血河西的英勇。当现实生活的希望、幸福和当年英雄战斗的鲜血、残酷连接在一起的时候，当苍苍茫茫的祁连大山和西路红军的孤身奋战连接在一起的时候，人们感受到的是震撼，是悲壮，是惊叹。

中午时分，天空飘起了小雨雪。凤凰卫视采访团结束了在古浪的采访，前往兰州。作别凤凰卫视采访团的朋友，怀着种种复杂的情绪，我和同事继续踏上了在古浪大地追寻西路军魂的征途。

古浪峡里的西路军魂雕塑

在走过312国道平坦的油路后，我们的车辆从古浪县十八里铺拐进了南部山区的一条路。这是一条从古浪十八里堡到景泰条山的公路，当地人称之为“十条公路”。它，就是当年西路红军的左翼9军从景泰进入古浪境内向西进发走过的一条浴血之路，生命之路。

1936年10月，中国工农红军经过二万五千里长征，在甘肃会宁胜利会师。之后，红四方面军9军、30军、5军及直属部队奉命抢渡黄河西征。

虎豹口渡黄河浪遏飞舟，战局变计划易征程漫漫。随着战局的转变，中国工农红军被黄河分割为河东红军和河西红军。1936年11月8日，中央军委正式批准红四方面军渡河部队组成“西路军”，电示徐向前、陈昌浩向凉州前进，在河西创立根据地，承担直接打通远方的任务。

11月10日，西路军分三路纵队向河西进军。30军为第一纵队，由一条山出发，攻取大靖；5军团为第三纵队，在30军右侧跟进；9军为第二纵队，经干柴洼、横梁山，攻取古浪。自此，河西红军开始了孤军奋战、艰苦卓绝的西征历程！

1936年11月13日晚，西路红军9军在结束了干柴洼、横梁山战役之后，沿着黄羊川北山，向西挺进，占领了古浪城东侧的东升洼和边墙洼两个制高点。14日拂晓，红9军向古浪城发起进攻，激战一天后，西路军占领了古浪县城。从16日拂晓开始至18日，敌人飞机助战，炮火猛轰，步骑合攻，倾巢出动，全力进攻。在这里，红9军与敌人鏖战4昼夜。18日晚，红九军趁着夜幕的掩护，顶着寒风大雪，在通过大靖、土门方向汇合来的30军88师268团接应下，连夜从古浪城突围，绕过凉州城，在永昌县与30军会合。古浪城战役，成为红军渡过黄河以来进入河西与敌人战斗时间最长、规模最大的一次“争夺战”。

“古浪三战，九军折半”。这里的“万人坑”留记着那段血火较量。

沿途的山路过了一弯又一弯，祁连山脉随着山脊的起伏连绵不绝，伸向远方，显得更加雄伟而深邃。就在这绵延的大山里，西路红军9军将士先后在干柴洼、横梁山、古浪城和敌人进行了殊死的激战，毙敌2000余人，2400余名西路红军将士血染黄土，用血肉之躯牵制了劲敌，保证了中央战略部署的实施，策应了河东红军的战略转移行动。

看着连绵的山脉，宛见西路红军正沿着那山脊逶迤前行。眼前，是他们疾行的脚步，疲惫的脚步，坚定的脚步；耳旁，回响着他们奋勇杀敌的呐喊，浴血奋战的凯歌！

经过近一个小时的颠簸前行，我们终于来到了西路红军第9军将士进入古浪境内与敌人激战的第二个战斗地点——横梁山。

1936年11月12日凌晨，红9军由干柴洼激战后行进到横梁山，迅速占领了多处制高点，对尾追而来的敌人3个骑兵旅、3个团进行迎头痛击。红军将士发挥近战、隘路战、山地战和夜战的特长，打得敌人首尾不能相顾，丢下大批尸体、辎重，慌乱溃退。经过一昼夜激战，毙敌军官30余人，消灭士兵400余人。随后，红9军连夜向古浪城进发。

在横梁村，一块由村委会敬立的纪念碑矗立其间。村民们说，红军撤离后，牺牲的红军将士们全被当地的百姓抬到这里掩埋。纪念碑下，安放着西路红军罹难将士们的忠魂！

蓝天白云下，横梁村静谧安详。谁人知晓，70多年前的寒冬，就在这块土地上，红9军战士曾经在这里浴血奋战了一昼夜！如今，山还是那座山，水还是那些水。但是，斯人已远去！缓步行走在红9军激战横梁山的横梁村的乡间小道上，村民们说，村口那个储水的涝池就是红军在和敌人战斗时饮马的水源，现在依然是牲畜饮水的地方，涝池边那棵粗壮的老杨树依旧在等待着春季的来临。

告别横梁山，前往干柴洼。雪越飘越大，山路越来越陡。一会儿时间，原来苍黄的山体上覆上了薄薄的白纱。路上几乎很少见到过往的车辆和行人。这一切，越加营造了山区的寂静和孤单。浸在西路军魂的追思里，慢慢溢出日益强烈的悲壮氛围。

突然，车辆停止了前行。司机告诉我们，车出故障了。而我们所在的位置，离古浪县城有着将近六七十千米的距离。走在飘雪的日子里，处在前不着村、后不着店的荒山之中，怎么办？

前行，干柴洼离这里究竟还有多远？没有确切的概念。而在那样偏远的山区，修理车辆是不可能的事情。返回，路途太远而心犹不甘。司机一次次地试着点火，可车辆却纹丝不动。

情急之中，我们议定，由司机驾驶着车辆，点火后，我和同

西路红军横梁山战役遗址

事何宏德、马延河尝试着推车，助推车辆起跑。这办法很有效果。车辆起动后，我们再迅速上车。可是，没有想到，走向干柴洼的道路是一路向上的山路。车辆挣扎着跑不上几百米，便又停下了沉重的呼吸。我们只有继续再推，再跑，再坐……

就这样行了不到两千米路程，大家都累了，也感觉到饿了。彼时，天已黄昏，而雨雪来得更密。没有办法，只好不断地给古浪的朋友打电话，定位所在的位置，了解四周的路道，探讨解决问题的办法。

正在沮丧之中，想到了我的师范同学赵楷平。他在古浪县大靖镇中学教学，是我多年以来最要好的朋友，胜似兄弟。当听到我们的遭遇后，楷平显得非常焦急。突然，他给我们提出了一个非常可行的意见。楷平告诉我们，再往前行不远，向左转有一条就近通往大靖的道路。先到大靖镇修理车辆，然后返回武威。楷平还联系好了修理人员，让我们电话联系沟通，做好修理的准备工作后来迎接我们。

这样的结果很让我们兴奋。虽然此时的十条路上已夜色沉沉，细密的雪花犹如珠帘挂在眼前。我们继续按照原来的办法，助推，小跑，坐车；助推，小跑，坐车……气温急骤下降，待在车外一会儿时间，手脚便开始僵硬，冷风从后背直往上蹿。

终于，楷平坐着迎接我们的修理车来了。相会，使这个山区的雪夜一瞬间变得温暖而明亮。师傅三下五除二，断定出是车辆电瓶出现了故障。他们拿着带来的临时蓄电瓶放在车厢里。从窗口拆出一根线，连接在发动机上，车辆便发动了起来。

乘着夜色走向大靖，一路上还在想念着那个叫干柴洼的地方。

1936年11月，正是河西大地天寒地冻的时节。身着单衣的西路红军第9军从景泰出发，翻越一条山，向着古浪南部山区行进，占领了干柴洼。11月10日，马家军4个骑兵旅，由民团配合，从东、西、南三面向干柴洼猛扑。红军猛力还击，打退敌人多次猛攻。11日，敌军在飞机大炮的掩护下，步骑合战，向红军阵地轮番冲击，企图聚歼红军于干柴洼。危机时刻，红军司令部全体指战员及交通队一齐上阵，英勇杀敌，25师迂回敌后，夹击敌人，军指挥部这才得以解围。傍晚，在27师掩护下，红军9军主力向横梁山转移。

因为这次采访的遗憾，就在这一年的夏季，我组织甘肃天力旅行社的"红色之旅"推介团再次沿着那条困我们于雪野的道路走进了干柴洼。

干柴洼上有一个娘娘庙岭，那是一个制高点，一块不足100平方米的地方，两道环形的战斗工事高低错落隐在疾风劲草中。古浪县烈士陵园管理处的王凯主任指着一条壕沟告诉我们，那就是当年红军打仗挖下的战壕。走在娘娘庙岭上，试图从黄土中抠出一点战争的硝烟，感知先烈们战斗的气息。75年了，经历了多少风吹雨淋，但是战斗的痕迹依然清晰可辨，它像一位历史的老者向人们诉说着干柴洼战役的激烈。

站在制高点上极目四望，满坡葱茏，满坡绿意。山下是干城乡人民政府驻地干城村，房屋密密匝匝，街上人来车往，呈现着山村特有的宁静和自然。

干城原本不干，原来的名字叫甘城。也许，数千年前，这里到处都有甘甜的泉水，供那些南来北往的人们享用。

提起甘城与干城，不能不联想到连同西北与华北区之间的重要铁路线——干武线。这是指从甘肃武威至宁夏干塘的一条铁路线，"干塘"亦作"甘塘"，意为甜美的池水。1966年，国家投资建设干武铁路；2014年，国家增建干武二线。2015年冬季，我和同仁何成裕在干武二线建设指挥部尹有富部长、中铁七局该项目建设部徐劲松总经理的陪同下，沿着施工便道

沿着干武二线寻访古道

一路前行，在拍摄项目建设专题片的同时，踏查了从河西走廊出发，出武威，过景泰，穿越内蒙古阿拉善左旗沙漠，到达宁夏的道路。一路行来，横跨汉明长城，穿越杂木河、古浪河、大靖河；一路行来，一个个带有“井”“湾”“堡”“驿”的地名频繁出现。在现代化通道的建设声中，遥遥嗅到了古道的气息。

④ 沙州古城土门堡

就在西路红军左翼红9军沿着干柴洼、横梁山、古浪城与敌人激烈战斗的同时，西路红军右翼红30军、5军和总直部队，由一条山经新堡子、马家磨沟、裴家营，进入大靖，占领土门，绕道凉州，向西进发。土门的罗汉楼、大靖的财神阁，都见证着这支英雄的部队前进的雄姿！

西路红军在古浪的征程，划出了一个美丽壮观的金色弧线。而这次征程，同样印证着昌松故里悠悠古道的印记。

在武威当地，流传着这样一句话，“要想挣票子，走趟大靖土门子”。土门镇、大靖镇，这是古“丝绸之路”上的两座重镇、富镇、文化之镇。

每一座古老传奇的城池，都有着鲜明的印记。这印记，如同一个胎记，任岁月沧桑，时光荏苒，它却依然清晰可见。有人说，埋了沙州城，才显出了凉州城。而沙州城的胎记，就是古浪县土门子。

相传很久很久以前，古浪土门子城东四十里的沙漠里，有一个繁华的城市，叫沙州城。那里，土地肥沃，水草丰茂，林木葱茏，四季如春。那里，商贾云集，瓜果飘香，是“丝绸之路”上飘过声声驼铃的地方。就是这样一座美丽的城市，被附近“黑风国”的魔王看中了。时时垂涎，日日思谋，想占有这座城

土门镇冬景

池。而占有不成，就毁灭了沙州城。

埋了沙州城，才显出了凉州城。

关于沙州城的传说，在古浪城乡老人们中间一代一代地传说着。那座古老的城堡，听起来扑朔迷离，不知所以。可是老人们却非常坚信地说："不信，你们初一、十五站到房上去看。"迎着初升的太阳，站在房顶上、高高的土墩上，向着大漠的方向远眺。那里，确实有城市的影子，似乎还有人来人往。后来才知道，那就是所谓的"海市蜃楼"。

也许这只是一个美丽的传说。可是走过今天的古浪土门镇，走过今天的古浪马路滩林场，看看那良田万顷、阡陌纵横、物产丰殷的场景，再想到开发马路滩林场时发掘出的诸多日用品残片和炉灶。我们不能不相信，这里确实有先民们走过、生活过。

这是一片蕴蓄着活力与生机的土地，这是一片浸透着边塞文化的土地。千百年来，马蹄阵阵，旌旗猎猎，是谁驰骋在这片辽阔的土地上？又是谁一直眷恋着这里的雪山大漠？

元狩二年，汉武大帝派遣骠骑将军霍去病鞭指西域，平息匈奴，并陆续设置武威、敦煌、酒泉、张掖四郡，河西走廊始归大汉版图。

在那片彰显汉武军威的热土上，汉朝天子兴致勃勃地设立了苍松、揟次、朴环等10个县。苍松，是古浪，朴环，是大靖，揟次，就是后来的土门。

揟次县历两汉、魏、晋、南北朝670多年，至后周废而并入昌松。唐僖宗中和元年，党项族恭据凉州银夏之地，称西夏王长达93年，土门一直隶属于西夏，为羌人的驻牧所在地。公元1226年，元灭西夏，土门又为元之驻牧所在地。

明朝洪武初年，宋国公冯胜平定河西，驻哨马营。明正统三年设立古浪守御千户所，属陕西行都指挥司辖，并将哨马营改名为土门。

土门，山名。《中国地名大辞典》土门山条这样注释：在今陕西富平县东北的频山西有土山，形如门，故曰土门。《洪洞县大槐树志》里记载到，明代从山西、陕西大规模移民屯边，地处边防的河西一带成为移民的聚居点。而土门一带的居民，大多是从富平县迁移而来。村民们眷恋故土，乡音不改，定居于此，常有追怀之情，遂沿用故乡地名。

数千年来，这里历经西戎、月氏、匈奴、党项等部族的争夺割据，为兵家必争之地。实边移民等战略的实施，使土门已成为“丝绸之路”上的一个重要据点，一个市廛繁荣的商贸集镇。在漫长的历史进程中，人类文明融合演变，在土门留下了许多美丽动人的传说——沙州城的传说、六耳钟玉振金声、天涝池神马驰饮、清凉寺、元戎扬威大明碑、黄龙显世月牙泉……留下了美丽浪漫的“土门八景”：柏台春暮、漪泉流饮、河桥夜月、三步两道桥、七星望月、陆耳子钟、生铁匾和穿城柳。它们，共同显示着一座文明古镇的诗意和悲壮。

丽水潺潺，激荡着历史的长歌。今天，当我们再次走进这座古镇时，这里便浮现出印在史册中的一座古镇的点点记忆，伴在片片新绿里静静守望——

柏影森森留盛脉，大殿巍巍定乾坤。藏风聚气润万物，天人合一泽子孙。在历史的记忆里，土门古城由里外两个长方形的城池组成，当时被认为藏风聚气，可达天人合一的境界。据清乾隆十四年所修的《古浪县志》记载，“明万历二十七年修筑。里城一座，高三丈六尺，厚二丈，周围计二百二十丈，开东、南门各一，上起钟楼一，角楼四。外城一座，高二丈五尺，厚一丈二尺，周围计二百六十五丈，开东、西门各一，上起门楼二，角楼三。城周开挖护城河，池深一丈二尺，阔一丈四尺，四面共三百九十四丈。”据说城边有马车可达城头，四周城墙设垛口，城门护城河置吊桥，城内外仿长安京城建筑风格，设置亭台楼榭。乡达们说，土门古城建筑深含着厚重的文化底蕴，在建筑学、雕塑学、绘画学上都具有极高的价值。

考诸史册，土门古城共有寺庙36处，楼子13座，戏台12个，现存有清凉寺、罗汉楼、玉祖台、山陕会馆、柏台、宝塔寺、三关庙等宫观寺院。遍访南院北寺，留于期间的文墨遗迹、壁画遗迹为古浪独具，它从另一个侧面暗示着昔日土门古镇的繁荣升平。

在古浪土门镇有一座罗汉楼，原名菩萨楼。据有关资料记载，始建于清朝康熙九年。楼体三层，高20米，架式木结构，檐木、角柱、擎柱上下一体，整个建筑檐手高啄，雕梁画栋，结构合理，布局严谨，具有很高的观赏价值和文物价值。

还有位于今天土门镇农贸市场中心的玉祖台，台上有玉祖殿，建于明朝崇祯十年，是一座四面出角带彩色卷棚的三间大殿，进深2间，歇山顶，前后出廊，补间铺作。当心间斗拱2朵，次间1朵，活斗活开，造型独特，保留着明代河西建筑的风格，极具观赏价值。经历了三百多年的风风雨雨，玉祖殿基本保留了它的本来面貌。1999年，它被列为甘肃省重点文物保护单位。

沿着“丝绸之路”设置的一个个会馆，对河西走廊商贸交易、文化交流和经济发展起到过积极的推动作用。位于土门中心街北的山陕会馆，在土门整体古建筑群中处于兑坎之方位。它起始于明朝万历年间，并于清朝康熙年间予以修缮。大殿面阔3间，单檐，歇山顶，砖木结构，工程牢固，气势雄伟，为古浪幸存的一处山陕会馆。清朝道光年间，这里又续修马祖殿。

正殿巍峨，金碧辉煌，卷棚下悬张美如所书的“天地同流”和牛鉴所书的“日在天之上”的匾额。此二人，皆为留名武威史册的名人贤士。正殿两侧的彩绘壁画，年代绵远，庄严神圣。东壁绘有“桃园结义”“怒鞭督邮”“三英战吕布”“陶恭祖三让徐州”“曹阿瞒许田打围”“煮酒论英雄”和“屯土山关公三约”的壁画。人物惟妙惟肖，花卉清逸俊朗。笔墨所到之处，气韵淋漓，心灵震撼。西壁绘有“挂印封金”“灞陵桥刀尖挑袍”“出五关斩六将”的壁画。人物形象突出，描绘生动，理调墨彩，入境达意，笔韵融通，画中贯气。整体壁画工笔流畅，内涵浩凡而照人。

柏台之春春已暮，桃花烂漫樱花吐。暮时谁晓柏台春，柏台之春春早论。岁寒人间并不识，但言柏影何春表。这是清人徐思清写的一首诗。诗中所说的柏台，位于土门镇集镇区东面，始建于清代顺治五年。因院内外柏树苍翠，故名柏台，既为“土门八景”之一，亦为“古浪十景”之一。

柏台多殿宇，可惜诸多殿宇毁于民国十六年，即1927年的那一场河西大地震，唯有建于清朝康熙四十三年的三义殿幸存了下来。殿内刘备、关羽、张飞三尊塑像，高约3米，塑像面容丰润，体态端庄，形神逼真。滚滚长江东逝去，柏台春去仍留，浪花淘尽英雄时，唯留三义殿无声讲述着义薄云天的英雄豪情。

河水萦回，春兴无边。在古浪土门，还有火祖庙、显圣宫、鲁班庙、厫神庙、娘娘庙、土主庙等众多的名胜古迹。每逢赶集之日，来这里踏寻旧迹者总是络绎不绝，盛世黎民其喜洋洋者甚矣。

千百年岁月的积淀，铸就了土门镇深厚的历史文化底蕴。丰富多彩的历史遗存，映现着历史文化名镇土门独特的神韵。

徜徉古镇旧街，聆听古镇新韵，历史的天空正祥云流转，时代的和风正扑面而来！

古时兵场哨马营，春来风光焕新妆。历尽千百年风雨依然不倒、斑驳陆离的楼台亭阁，失去光泽的会馆老墙，乃至被世代人生奔波的足迹磨蚀得发黑发亮的老街小巷，为土门这颗茫茫沙海中的“绿宝石”赋予了更多的内涵。拥有光荣的土地最容易诞生新的梦想，迎着新一轮的曙光，土门古镇依着岁月的胎记，重拾记忆的温暖，期待着老树新花的灿烂开放。历史的脚步匆匆前行，前行中，续写下新的辉煌。今天的土门，作为武威城乡融合发展核心区重要的核心组团之一，正以崭新的风采谱写着跨越发展的大文章。在旅游与文化的深度融合、经济与文化的亲密联姻中，那个古老神秘、美丽富饶又与时俱进的文明古镇的胎记——土门，便在粲然一笑中生长出更加娇艳的苍苍之葭、夭夭之桃。

5 峻极天市恋大靖

因为一个人，恋上一座城；因为一个梦，爱上一方水。

对于我和大靖而言，那个人，就是我的挚友赵楷平；那方水，就是在被困雪夜里路遇而过的大靖峡水库。

第一次走进古浪大靖，是1990年我刚刚结束学生生涯走上工作岗位不久。因同学赵楷平相约，与我后来的爱人叶凤玲一道坐车前往大靖。在我依稀的记忆里，路途遥远，沟深路险，石头地里种西瓜，卷烟叶子满地爬，还有多年之后仍然难以忘记的美味佳肴“炒葫芦面卷子”，一切都充满着完全不同于凉州大地的别样风情。那里的人们虽然条件艰苦，但很纯朴热情。在短暂的几日停留里，我还操着浓重的凉州口音为那里的孩子上了一堂历史课。

2007年6月，由国家建设部、国家文物局共同组织评选的第三批中国历史文化名镇名村揭晓，武威市古浪县大靖镇被确立为国家历史文化名镇。时隔不久，我便和《文化武威》栏目组的同仁一同走进了这座名镇，走进了这个被人们称为“塞上小北京”的古镇。

在古浪县城东80千米处，省道308线旁，大靖镇横卧于祁连山余脉和腾格里沙漠围拢的怀抱中。这个曾为丝绸北路、河西走廊东线的重镇，自古有“扼甘肃之咽喉，控走廊之要塞”之称，历来为兵家必争之地。今天，它是连接甘、宁、青等地的交通枢纽，也是古浪县东部山川12个乡镇经济、文化、商贸的中心。

漫步在这依山傍水的丝路古镇上，处处都可以看到历史的遗存。在这里的老城遗址、高家滩遗址和三角城遗址上，人们先后发掘出了一大批陶器、石器和骨器等。从陶器的形制和纹饰等方面看，考古学家认为当属新石器时代马家窑文化马厂类型。这就是说，早在四千多年前，这里就有人类在生产劳动、繁衍生息。

据史料记载，大靖在夏商时代属雍州；西周和春秋时代西戎驻牧；战国、秦汉初，月氏、匈奴相继游牧。汉武帝将河西纳入西汉版图后，在今古浪县境内设苍松、揟次、朴环三县，朴环就是今天的大靖。西晋时改为魏安，西魏时在这里置魏安郡；到了北周，废除魏安郡设置白山县；隋代又将北周的白山县并入昌松县；唐代设白山戍，宋代为吐蕃和西夏所据。元代至明万历二十七年，这里被称为“扒里扒沙”。扒里扒沙是蒙语，意思是街市，从字面上来想象，那时的大靖应该是十分的繁华。

《五凉志》上说，嘉靖弘治年间，驻牧于河套地区的蒙古贵族阿赤兔南下，以假牧为名，驻牧扒里扒沙，劫掠窃据，时达百年之久。万历二十六年三月，甘肃总督李汶、巡抚田乐、甘肃总兵达云等率兵万人，分路合击，打败阿赤兔，收复扒里扒沙，并改名为大靖，意思是希望这里永远统一安定。第二年，人们在这里增筑新边，建堡修廓，以此成为“控贺兰之隘，扼北海之喉，用以独当一面，而使凉镇无东北之虞者，不啻泰山之倚也”的战略要地。1949年9月9日，大靖解放，后来在这里设古浪县瑞泉镇；1958年又改建为大靖镇。

一位叫晓原的大靖人在《我的家乡大靖镇》中写道：“记得儿时常常和伙伴们爬上城墙玩耍。建在东城墙上的魁星楼高耸入云，登楼观望，整个大靖城尽收眼底。那时的大靖西关绿树成荫，渠水长流，建了很多石桥和木桥，人们称为三步两道桥。更为壮观的是西关桥旁有一棵高大的古树，连老人们也不知有多少年的树龄，其根部四人才能合抱，可见树的粗壮和古老。令人惊奇的是，在这棵树的第一层分叉处还建有一座小楼阁，据说是为了祭天祭地。如此的独具匠心，使多少过客叹为观止。”

历史的大靖有着十分丰富而独特的建筑。从挂在古浪财神阁里的一张带有纪念性的图示上，我们可以看到，这里原来有着非常完整的城郭，围城墙建有东城门、南城门、北城门和西稍门、娘娘殿、魁星楼、玉皇阁等建筑，城内建有财神阁、会馆、关帝庙、白衣寺、城隍庙、文庙等，城外建有护城河、雷台、龙王庙等。这一切，都深含着厚重的文化底蕴。而今天，这曾经辉煌过的许多建筑都已在历史的尘埃中湮没，或毁于战乱，或毁于地震，或毁于“文革”。现存的，只有财神阁、关帝庙正殿、马家祠堂、马庙会馆、青山寺、古长城等名胜古迹。

天地悠悠，物是人非。看不到群星荟萃的昨日古镇风采，听不到边塞羌笛、集镇市语，就只有在历史的巷道和今日的遗存中去遥想那个经典古镇的神韵。

古浪大靖镇财神阁

古浪大靖财神阁，是被列入《中国建筑学》一书的省级重点文物保护单位。它位于大靖镇什字，是大靖镇的标志性建筑。财神阁建于清康熙五十七年，阁高21米，周长30米，上下三层，中间开有十字拱门，贯穿四街。原来这里北悬“峻极天市”匾，南悬“恩施沛泽”匾，东为“节荣金管”匾，西为“永锡纯嘏”匾。1987年重建时，底层依次悬挂起“昌灵滴翠”“古源流金”“高峡吐玉”“瀚海藏珠”四块匾额。整个建筑风格独特，结构严谨，造型奇特，是大靖一带地方庙宇群中仅存下来而又依式重建了的唯一的一座楼阁。

鸽子从财神阁旁掠过，白云在财神阁上空自由卷舒。登临财神阁，大靖镇景尽收眼底。而最令人惊叹的是，在这里才可以看到大靖城真正的街形。以财神阁为中心，什字以东的主街叫东平街，以西的叫西靖街，东平、西靖均含着平安、靖安之意；什字以南的主街叫中和街，体现了中国传统观念中的中庸、和谐；以北的叫达公街，无疑是为了纪念甘肃总兵达云而命名的。这里南北街轴线呈弓形状，东西街轴线笔直如线，呈箭状，暗喻弯弓射箭之意，所以自古至今人们称之为“弓形街”。

史书上说，大靖鼎盛时“民户多于县城，地相膏腴，商务较县城为盛”。领略着这独特的街形，看看四周民舍稠密、店铺林立、人来人往，对此，我们就不难理解了。

大靖马庙始建于清朝康熙年间，原为供奉牛王、马祖、山神之所，名为“三圣祠”，当地人俗称“马庙”。又因为清代在“马庙”对面修建了商会会馆，所以后来人们也称它为“马庙会馆”。今天，这座二层木结构、面阔五间、雕梁画栋、风格独特的古建筑已经成为一座危楼。但透过摇摇欲坠的身姿，我们还可以真切地感受到当年的丰姿。

占地560平方米的马家祠堂始建于清朝咸丰元年，为一进两院、前院后堂布局。拔廊出檐、滚脊覆瓦、廊柱斗拱皆有

大靖马庙会馆

大靖马家祠堂

花草雕纹。在武威，在甘肃，保存像这样完好的古建筑已经不多。

旧日的大靖一带有关帝庙16处，占到了庙宇总数的十分之一。今天关帝庙在大靖仅存下来了这一座正殿。大靖关帝庙始建于明天启年间，原来是一套宫殿式建筑群。而让人们久久难忘的是关帝庙中众多的匾额和楹联。“匹马入袁营，河北英雄尽丧胆；单刀赴吴会，江南文武俱寒心”“志在春秋功在汉，心同日月义同天。”由此可见历史以来大靖人的文治武功精神。

走进大靖，迎我们而来、送我们而去的是蜿蜒而行的古长城。据《凉州府志备考》载：达云“创长边二百二十余里，圆墩多三十余座。大小城堡七座，屹然金汤之固，开荒田，劝耕种，通商贾，涣然太平之景象。”今天这里保存完整的古长城墙体十分壮观。站在长城口，遥想塞内塞外，面前一墙之隔，思绪沧桑变幻。

在长城怀抱里，俯瞰着大靖峡的是大靖青山寺。漫漫荒野上，古长城、达公墩、巍巍古寺，构成了一幅“孤山晚照”的景象。青山寺历史悠久，约在南北朝时期始建庙宇，至明清已形成众多庙宇群体。历史上这里曾是汉、藏、蒙古诸民族宗教信仰和文化交流的场所，现已成为大靖古镇的一大景观。

映衬大靖美丽和古老的，还有被称为“西北小武当”的昌灵山。这里的三清殿、祖师殿、药王殿、救苦楼、玉皇阁、七圣宫、娘娘殿等，一个个景点有一个个美丽的传说，一个个景点构成人间胜景无数。

“壮游拟作西征赋，城外风雷雁正号。”沧海横流，许多孤独的绝唱已沉埋于茫茫黄沙之下，而如许不朽的诗篇却伴随日月星辰实现着生命的轮回。这就是大靖，就是属于一个古镇的不朽的神韵。

镇居长城内外

❻ 大靖河畔白山戍

金戈铁马，已成为亘古的陈迹。尘世沧桑，不变的是一种昭示。

在甘肃省建设城乡融合发展试验区的宏伟构想中，大靖镇迎来了新的希望。一条名为“金色大道”的现代化高等级公路从这里开启，穿越过古浪、凉州的胸膛，将G30线、古浪双塔至宁夏营盘水的营双高速公路、武威至金昌的金武高速公路连接了起来。在武威“一轴双城三组团”的城乡一体化格局中，大靖，和武威城一道擎起了跨越的旗帜。

一座城镇，能够集历史古镇、文化名镇、现代城镇于一体，它的奥秘写在水里。2015年“五一”长假，约了友人张伟光，携妻叶凤玲前往曾经雪夜途经的大靖峡水库。

大靖河，是石羊河水系最东的一条支流，发源于祁连山支脉毛毛山北麓和白虎岭一带，源头为一个名叫二郎池的高山水池。自西向东由西沟、马莲沟、小直沟、酸茨沟、条子沟、庄浪沟等主要小溪小沟汇集于大靖峡，主河道全长45千米。河流流经横梁、民权、大靖、海子滩等乡（镇），最后入荒漠而殆尽。

大靖河灌区位于古浪县城东75千米，灌区南依祁连山北麓，北靠腾格里沙漠，东邻景泰县，西与古浪河灌区相接。据《五凉考治六德集全志》考证，灌区自汉武帝逐匈奴后，就开始开渠引水，移民屯田。明代兴建了大靖堡、裴家营堡、阿坝岭堡，驻军屯垦戍边。到清代康熙年间，大靖镇修建了财神阁。这里商贾云集，经济繁荣，商业兴隆，农业发达，一直是古浪县的精华地带。

淙淙流淌的大靖河

五月和风正暖，天气时晴时阴，但一点不影响走访的心情。出凉州城，沿着新建的金色大道，两侧的特色林果长廊绿意葱茏，生机勃勃。一个个新型农村社区矗立在大道两侧，展示着城乡一体化的成果。穿越曾经的茫茫腾格里沙漠腹地，这里已形成了以阳光新村、感恩新村、为民新村、富民新村等许多新型农村社区为主体的黄花滩扶贫易地搬迁项目区。

到达大靖镇，友人赵楷平已早早在路口等待。寒暄之后，直奔大靖峡水库。

民国时期，大靖河灌区主要靠自然形成的河床引水灌溉，水量无法控制调剂，沟道渗漏严重，仅有少数干砌石坝控制河床，用柴草拦截引水，灌水方法十分落后，人民生活非常贫困。1959年至1960年，政府决定在大靖河上游峡口处兴建大靖峡水库。

山区的天空高阔辽远，沿着不同的山形裁剪出不同的造型。大靖水库上空，乌蒙蒙的天，几片浓云点缀其间。阳光从云层云缝间透泄下来，照耀在水面上，泛着粼粼的光。在永丰台的怀抱里，大靖峡水库悠闲地卧着，犹如历朝历代的驿站一样。驿站迎送着东来西往的人；水库，汇集着南来北去的水。

大靖峡水库大坝为均质黏土心墙土坝，坝高33.6米。由于上游植被破坏严重，水土流失严重，淤积速度非常快，曾经多次堵塞过输水洞。建成以来，水务部门曾多次进行加固改建，新开凿了输水洞，对大坝进行了帷幕灌浆加固，达到了安全蓄水防洪。大靖峡水库总库容为1210万立方米，是一座以灌溉为主兼顾防洪的中型水库，也是古浪县建成的第一座中型水库。它的建成，对灌溉和防洪发挥了积极有效的作用。在大靖河灌区，还曾经有群众自发修建的石节子水库、花庄峡水库。在特殊的历史时期，它们曾经对灌溉发挥过一定的作用。但没有了水，水库也就失去了存在的意义。

和妻子叶凤玲、友人赵楷平在大靖水库

赵楷平是大靖本地人，但他对这里的山川也不甚了解。就在大靖峡水库的西边的山上，那座叫不上名的山上，随着岁月季风的吹拂，这里已隐隐约约出现了一些丹霞地貌。因为稀少，格外珍贵。移步换形，呈现出不同的面目。也许，这些山们，正在等待着艺术家们的独特想象，为它们冠以艺术化的名称。山脚下，已经有人打点起了有山、有水、有丹霞承载着的乡村旅游的主意。那里已经修建起了几座蒙古包。

在大靖峡说水，需要说到水磨和水井。水磨是水能利用的早期方式，古浪灌区最早的水磨，是清朝道光年间兴建的大靖峡水磨油房，可惜于清同治五年毁于战火。大靖峡朱家墩水磨建于清光绪三十四年，一直使用到1985年才废止。这里的人畜饮水困难程度与古浪县其他干旱区一样，有着同样的难度。早期，他们依靠为数不多的土井、山泉、涝池为主要水源，人畜饮水全靠肩挑、畜驮。一遇到干旱年，粮荒加水荒，群众更是苦不堪言。新中国建立后，水利部门兴建了一批人畜饮水工程，解决了部分群众饮水的燃眉之急，但由于自然条件和经济基础差，人畜饮水问题仍然困扰着灌区的综合发展。灌区最早的人畜饮水井是明、清时期在大靖城内外所建的耿井和文昌井。耿井是大靖任军职的耿漠献出俸禄凿井而成，文昌井是大靖城内介姓的邑令倡导百姓捐献财物用砖镶砌而成，直到20世纪50年代末期仍然用来取水饮用。

虽然身处古凉州，但对此地的古道了解甚少。这条路，史书上也少有记载。山的那一边，就是景泰。西路红军从山的那一边走进了凉州大地，今天两地的人们还在相互往来。相关资料上这样表述着“丝绸之路”在甘青宁等地的走线，“丝绸之路”南线由长安出以，沿渭河过陇关、上邽（今天水）、狄道（今临洮）、枹罕（今河州），由永靖渡黄河，穿西宁，越大斗拔谷（今偏都口）至张掖；中线与南线在上邽分道，过陇山，至金城郡（今兰州），渡黄河，溯庄浪河，翻乌鞘岭至姑臧。南线补给条件虽好，但绕道较长，因此中线后来成为主要干线。北线呢，是由长安出以，沿渭河至虢县（今宝鸡），过汧县（今陇县），越六盘山固原和海原，沿祖厉河，在靖远渡黄河至姑臧（今武威），路程较短，沿途供给条件差，是早期的路线。我们现在所处的这些道路，应该是早期“丝绸之路”北线的所经之处。

早在2012年，冯玉雷兄曾独行凉州考察过这些道路，在他的《玉华帛彩》里提及此道。冯玉雷提出，白山戍道也是一条穿越乌鞘岭的重要廊道。《新唐书·地理志》中说，凉州昌松县有白山戍。《元和郡县图志》又称：“白山戍，在县东北五十里。”据有关学者考证研究，今天古浪县城东北方向70千米许的大靖镇北1千米有大靖河，河的出山口处有故城头，应该是位于丝绸之路东西、南北交往丁字路口的白山戍。故城头向西通凉州，向东经唐新泉军治所，直抵乌兰关黄河渡口。这也是古代西渡黄河后通往凉州的丝路北道。冯玉雷还认为，发源祁连山东端毛毛山北麓的大靖河，逶迤北流，草茂林深，谷地

昔日，这里曾建有白山戍故城

狭长。河流经处，为天然通道。河谷南行可通庄浪河谷，西与青海连通，成为羌蕃北来之孔道。还有柳条河谷，也是青海与河西走廊相通的一条古代通道。它们在和戎城、昌松城故地，与古浪峡交汇。

金山巍巍万古雄，丽水淙淙纪古今。

夕阳西下，站立金色大道，北面是蜿蜒而去的长城，静谧的青山寺；南面是新建的大靖新城，热闹非凡的集市。南来北往的人们穿越古老的长城，将交流与发展的大手伸向了昔日的关外。

欲问千秋事，山亦高，水更长。

追忆永昌府

有位历史学家说，地理环境是历史文化悲壮剧的舞台和背景。也有位历史学家说，纵观中国古代史，其实也是一部游牧人同农耕人争夺生存空间的历史。石羊河流域滋润下的武威绿洲，就是这样的一个地域。

凉州大地，几度是桑田，几度是牧场。当一代枭雄的铁骑继党项族的尘埃而踏上凉州大地时，这里又成了大元帝国的创建者——蒙古部落心中的“乐土”。

追忆永昌府，那里既有河出伏流、泉涌绿洲的美丽定格，同时也唤醒了历史长河中西域新疆、凉州永昌与金昌永昌、张掖皇城之间的温馨记忆。

❶ 扑朔迷离永昌路

凉州区永昌镇，位于凉州城北十五千米处，当地人称永昌府。但是，生活在这里的人们听过高昌王，不知道永昌王。这里的人们知道，现在的镇政府所在地，曾经是辉煌无比的大元宫殿。但大元故路今何在？人们不知道。

顺着历史的长河，我们溯源而上——

1242年春，正是窝阔台的老婆、元朝皇后乃马真摄政的时候。她为了更好地笼络三太子阔端，开府西凉，阔端被封为西凉王。1251年，为祖国统一大业做出千秋功勋的阔端卒于西凉府。

岁月更迭，王朝延变。元朝的凉州城在纷争的硝烟中沦为一座残城。“武邑林泉之美，城北为最。”那时的永昌，南临荷花湖，北依熊爪湖，确实是一块水草丰茂、亦农亦牧的好地方。至元九年，游牧民族的英雄、西凉王阔端的三子只必贴木儿选择了水草丰茂的今永昌镇一带筑起新城，钦赐永昌府，当上了永昌王。1278年，即至元十五年，元又以永昌王宫殿所在地设立永昌路，凉州，当年的西凉府，降格为州。

至元十二年，为蒙古族立国而建过大功的回鹘高昌王亦都护奉旨师出河西，来到凉州后，永昌王让出永昌府，率部西进，永昌府便成了高昌王生前的王宫，薨后的王陵。

随高昌王一道来永昌定居的西域回鹘阿台不花和他的儿子忻都也一直生活在永昌府一带。他的孙子斡栾在元朝末年当上了中书平章政事，这个官职仅次于宰相，显赫的官位加上忻都及其先祖对元室建立的卓著功勋，元惠宗便追封斡栾的父亲忻都为西宁王，并由参知政事危素撰写了《大元敕赐追封西宁王忻都公神道碑铭》，于1362年树碑作为纪念。

明洪武五年，1372年，明王朝废除永昌路，在西凉州设立凉州卫，治所在今武威，永昌路故城所在地设永昌堡。自1272年筑城到此，经过近百年发展的永昌路，成为元朝时期凉州政治、经济、文化活动的中心。此举，使永昌成为凉州天空的一颗新星。此举，使古老的凉州城汗颜不已。

由汉文和蒙文合璧的《亦都护高昌王世勋碑》和《大元敕赐西宁王碑》清楚地记载了亦都护高昌王和西宁王在武威永昌这块“土地沃饶，岁月丰稔，以为乐土”的土地上定居生活的历史史实。

这段史实告诉我们，这里就是元代的“紫禁城”。它应该能够唤起我们对大元帝国那段历史的回忆，使我们想起元代的重镇凉州。

但作家李学辉先生说，踏上永昌镇的土地，要想找出大元故路的影子，简直是不可能的。那段曾经有过辉煌现在却一点儿也不起眼的断垣残壁蜗居在农舍中，根本说明不了什么。当年极盛一时如今已消失了踪影的元代紫禁城，悠荡的只有它的灵魂。

② 故城残垣印故路

天空中有一群鸟儿飞过，却没有留下一丝痕迹。这不能不让我们感到阵阵的唏嘘。

带着种种慨叹，我们在当地乡老的帮助下，在武威市考古专家党寿山老人的回忆下，寻找当年的大元故路。

党老说，今天的永昌镇所在地就是当年高昌王的王宫遗址所在地。明代改为关帝庙，近代改为乡师庙。他曾在这里上完了小学。可是，我们在这里找不到当年的一片瓦、一块砖。只有当院的一株牡丹据说活了有近一百年。是的，它的历史很长，但她不是元代的牡丹。

当地的人们告诉我们，这里的几颗老槐树，已有几百年的历史了。是的，看她盘旋的虬枝，我们相信她有很久的历史，但她是元代宫廷的那排槐树吗？也许，她还是明代山西带来的家乡槐。

自18岁起生长在这里的刘沛村十一组的68岁的老人王续基告诉我们，这里原来前后都是庙，都筑在高高的土台上，有着漂亮的建筑和房屋。叩问历史，怎么不见来时的一点点信息呢？

走进今天的永昌中学，后院操场和厕所的南边有一堵很高的老墙。这里有多年断断续续重修重建的痕迹，这里还有一层黄土一层毛条或棘棘的痕迹，但它究竟是什么时候的信物呢？当地一位姓马的老师说，这可能是当时城隍庙的南墙。如果真的是这样，那也是永昌之幸！但是谁能证实，这是城隍庙的老墙呢？

只有这一堵残高5米、宽4米用黄土夯筑成的残墙孤零零地坐落在永昌镇的土地上。专家说，她是元代故城的城墙遗址，这

永昌中学的老墙

里应该是故城的西北角。有这一笔，至少还能说明点昔日的模样。但是，看着残阳下的这点老墙，我们不能不问，它还能在风雨中飘摇几年呢？再过若干年，我们还能看到些什么呢？

残阳无语，大地无言。看着这一段向北延伸过去的老墙，它的墙根已瘦弱得成为一抔黄土岭的模样，宛如风烛残年的老者瘦削而干硬的脖项那样，艰难地支撑着一颗饱经风霜的头颅。70多岁高龄的党寿山老人还欣喜地说，如果这段老墙的墙根能够成为故城西墙的痕迹，那么，找寻大元故城就该是另一番情景了。

历史记载中的高昌王故城南北二里，东西一里半，城周七里，坐北向南，开南门一座。城内有正钦宫，东为碉楼墩，西为皇姑墩，北为月牙墩，南有城隍庙。

永昌故城，你在哪里？

大元故路遗址

“重来不见水云庄，竹树摧残屋舍荒。”元帝国灭亡后的500年后，张澍在这里看到的是一幅败落的景象。今天，那座曾显示着大元帝国辉煌的“紫禁城”已彻底烟消云散。就连曾留下的书有“大元故路”的城雕墙也已奉献给了农业生产。

大元故城今安在？烟消云散化为空。600年的风雨竟是如此的无情？

③ 乐土永昌孤存碑

在永昌镇西宁王碑亭，近距离地拜读了汉蒙文合璧的西宁王碑文。

在秋日的衰草晨阳下，1980年由甘肃省政府确立的省级

永昌西宁王碑亭

文物保护单位的残碑兀立其间，通往石碑的甬道已成了农人们晾晒黄豆作物的场地。看着萧条的情景，可想凉州区永昌镇人借着先灵留下来的光泽做起的“紫禁城”旅游文章之凋敝。西宁王，高昌王，人间繁华富贵终将成烟云。莫说张介候来到舅氏家的伤感，今天的人们，心中亦然会有满满的唏吁。

听老人们说起，以往每年正月十五，永昌府人都要表演石碑滚灯。24人额上顶碗，碗内放土，土上点灯，尽兴表演。节目分九个部分表现永昌府人故土难再、光明通天的心意。永昌镇人演绎了600多年的石碑滚灯，把那种真善美的情愫演绎得感天动地，演绎得情真意切……

今天，这里是永恒的宁静。我们无缘以观。

当地的农民告诉我们，在西宁王碑北侧150米左右的农田地里，每逢浇水的时候，都会出现较大的渗漏现象。专家们考虑，这里是不是就有西宁王或哪个王子的墓地。沿着弯曲的农田地埂，穿过一片片即将成熟的玉米地，来到这块农田。这是一个北倚湖泊低洼的高台，它的南边就是发现西宁王碑的地方。按照常规的王子墓地形制，这样的距离应该是符合推理的。因为这碑是后来忻都的儿子斡栾来为父辈扫墓时立起的。它应该在墓地的前面或更前些；而居于高台之上，后倚湖泊沼泽，应该是一块理想的风水。据说，省市文物部门正在考虑是否对此进行开掘。

西宁王碑位于凉州区永昌镇石碑村一组的地方，处于公路的西侧。而发现高昌王世勋碑的地方在永昌镇石碑村二组，处于公路的东侧。我们很想去找寻一下发现高昌王世勋碑的地方。因为这块碑没有西宁王碑那样幸运，当它被人们发现时，它的下端部分已经被当地人们破去做了石滚什么的，而上半部

寻找西宁王墓

分很有可能被慧眼的人们砐去做了磨盘。留下的，只是一段让众多专家学者去猜测的部分。高昌王世勋碑比西宁王碑高而宽，更为雄浑。但西宁王碑是完整的，高昌王世勋碑是残缺的。高昌王世勋碑是一块汉文和回鹘文合璧的碑，它的研究价值比西宁王碑更大。现在，文物专家正在倡议能否将高昌王世勋碑复原成原来的模样，并计划在原来的发掘地重新立起，以振昔日永昌之风。但原来的发掘地现在成了当地农民的房舍，谁也不告诉发掘的具体位置究竟在哪里？林立的农家院落静静地矗立在那里看着我们，望得久了，仿佛觉得高昌王子也正在那里看着我们，但我们不知道。600年来，它究竟沉睡在哪里？而据当地一位曾参与过发掘清理的姓杨的老者说，当时那里还有一个龟没有挖出来，想必那是高昌王世勋碑的碑趺。

寻者不见往者路，我们只有带着缕缕的怅然告别。卧游地图，在永昌镇这片土地上，频频可见羊庄、石羊等村庄的名字。也许，谷水何以名为石羊河的秘密也藏在这片土地之中。

正当我们的车辆疾驰在金武公路上跨过槽子沟时，突然在路西发现了大大小小、断断续续的几截土墩。探寻的旅程使我们对此异常的敏感。正是秋日正午的阳光下，我们和72岁高龄的党寿山老人下车前往土墩。阳光下的土地泛着银色的光芒，丰满而慵懒，舒适而洒脱，宛如一位成熟的女性。槽子沟，像一条褪色的飘带，逶迤盘旋于这片土地。一看就知道，这里曾经是一片肥沃的土地，在石羊河流域治理中被退耕压减了下来。原因很明确，这里是原来的泉源地，不属于联产承包时划定的土地。

这些土墩散落在大小一平方千米内，这些土墩有的南北走向，有的东西走向，最宽的有五六米，最窄的有八十多厘米。这里原来会是什么呢？是宫？是庙？是墩？是堡？

党寿山站在这块土地上凝思

寻寻觅觅中，党老突然发现了一片残碗。党老在揣摩许久后告诉我们，这是典型的西夏瓷器。上面有明显的西夏瓷器所特有的九个黄点，还有它的纹理、上釉特色和烧制痕迹。

沿着小沟小渠，遍地多见这样的瓷器。这一发现，很使我们惊喜。因为如果这些东西真的被考古专家们认定是西夏瓷器的话，那无疑就表明，早在西夏的时候，永昌就是一片乐土。

但这终究不是我们想要寻找的大元故路。神秘的永昌，留给我们太多的怅想。

武威在北，中原在南。开放强大的中原王朝通过这里向北扩展，少数民族部落驻足这里向南进发。苏武、张骞、班超、卫青等多少忠臣将士向北行进，向南遥望。

就在人与河流向北、望南的轮回中，石羊河水无声地将这块“耀武扬威”的土地上的一切文化静静地包容，将沿河两岸

党寿山在这里发现大量西夏瓷器

的历史默默地承载，将文化运河的历史珠宝悄悄地串起。血性的凉州，也由此完成了忠诚执着、包容并蓄、开放大度的精神重构。

石羊河，就以这样绝美的姿态歌过强汉，歌过五凉，歌过盛唐，歌过宋元，并最终定格在历史的天空……

遥想鸳鸯池

河西堡，这是一个充满西部风味、相当霸气的地名。从乌鞘岭起步到敦煌，1000多千米的河西走廊里，就她当仁不让地拥有了“河西”这个名号。

鸳鸯池，这又是一个令人神往、充满诗意的地名。

走进河西堡，为了寻找鸳鸯池遗址。

2015年春日五月，应友人、作家、《丝绸之路》杂志社社长冯玉雷相约，一同走进河西堡镇。漫长的兰新铁路线上，河西堡是一个相当当的码头驿站。走过河西走廊的商旅士子一看到这个地名，便会陡然而生一份温暖和力量。生活在河西走廊的人们，对此充满了神往和仰慕。一如此刻我的心情，自小时候记事开始，总是从大人们口里听到这个名字。在朦胧的记忆里，这里是一个码头，是一个驿站，是一个与盐有关的地方，也是一个能挣钱的地方。南来北往的人总要从这里出发，

河西堡镇街景

或者在这里回到故乡。到了河西堡，要么是离别的开始，要么就意味着回家。而今天，在我四十已不惑的时候，才第一次踏上这方很近又很遥远的热土。

鸳鸯池遗址，就位于永昌县河西堡镇一个叫鸳鸯池村以南的地方。这是一处典型的原始母系氏族社会繁荣阶段的文化遗存，属于甘肃仰韶文化马家窑文化的半山、马厂类型。

在当地友人的导引下，我们来到了鸳鸯池村。午后的鸳鸯池村静谧安详，路道旁的几棵老树顽强地迎对着太阳。偶尔有村民骑着摩托车行过，瞬间又恢复了平静。村子的西边，是高耸着的烟囱和林立的楼群，那里是一座发电厂。在她的东边一千米许的地方，一座青山逶迤南北。向导告诉我们，那叫西夹山。村落的南边，清澈的渠水自西向东流去。向导说，这是从金川河西岸流出的生命水。

在这里，见到了鸳鸯村一位八十多岁的老者。微佝着腰，银须长而飘逸，精神亦算矍铄。我们向他打听鸳鸯池遗址的事儿，老人指点着向我们陈说着他所了解的那个遗址的大概范围。关于文物，老人并不了解。给他留下印象最深的，大约就是修建发电厂时发现了这一遗址的情况。1973年5月，当地修建电厂，发现了这一遗址。直到1974年，武威地区文物普查队与甘肃省博物馆文物工作队两次对此进行了发掘。在1000平方米的面积内，考古工作者发现和清理了151座墓葬，出土陶罐等文物350余件。据中国科学院考古研究所放射性碳素测定，该遗址距今4250年左右，系新石器时代遗址。

来自河西堡电厂的向导朋友非常热情，他为我们提前准备了两本已经发黄的《永昌文史资料选辑》，上面记载着鸳鸯池遗址的基本情况。经查，发掘的鸳鸯池遗址分为居住区和墓葬区两部分。居住区在北，墓葬区在南，两者相距约200

当地的老人给我们介绍情况

米。在居住遗址的断面上，暴露有灰层、窑穴和房屋遗迹。灰层中含有残骨器、石器和各种陶片。墓葬区的面积为南北200米，东西300米。墓坑形制多为土坑竖穴式，个别有打偏洞的，成人葬埋较深，小孩较浅。葬法有单葬、合葬、二次葬和瓮棺葬等。多数墓葬的头向东南，面向上，个别的墓葬头向南偏西。葬式主要有仰身直肢葬、侧身屈肢葬，还有“割体葬式”，也就是将死者的脚趾割下放入随葬的陶器内。这种现象在新石器时期尤以甘肃仰韶文化墓葬中为首次发现。这里的随葬品较为丰富，每墓一般3至5件，以生活用具的陶器为主，还有装饰品。

鸳鸯池遗址出土文物有石器、细石器、骨器、陶器和艺术雕刻等。石器主要有刀、斧、管、石片、筒等，细石器较多，主要是透明半透明石核、石片和少量的玛瑙。骨器有骨柄、匕首柄、匕首、针、珠、耳坠等，特别是嵌有石叶的骨刀梗这种用石骨料

收藏于永昌县博物馆的鸳鸯池出土文物

制成的复合工具——石刃骨刀和石刃骨刀匕首，是首次在西北地区发现。陶器主要是彩陶和灰陶，多为生活用具，也有少量的生产用具。艺术雕刻有石雕人头像。该遗址出土的部分文物还被送往北京历史博物馆、故宫博物院展出和收藏。

根据专家研究，从鸳鸯池遗址墓葬互相打破、叠压和出土的大量陶器形制特征以及花纹的演变规律，可以看出半山类型和马厂类型文化发展的先后顺序，证明了马厂类型是由半山类型发展而来的，二者是一个文化的前后紧接相承的两期遗存。比如陶器以大口短颈，双耳鼓腹彩陶罐、小口高颈彩陶壶为主。尤其罐的形体肥胖短矮，最大径在腹部，壶的彩绘为红、黑两色的大锯齿纹，与半山类型的陶罐逼真无异。这种器物出自早期墓中，是半山类型向马厂类型过渡演变的物证。以小口鼓间的彩陶瓮，花纹繁缛的彩陶双耳罐、彩陶盆和桶状单耳杯为组合的马厂类型的器物，都出自晚期墓中，特别是陶瓮由彩陶变为素陶，腹部明显内收，底部瘦长细小，显示了马厂类型的晚期特征。鸳鸯池出土陶器的制陶工艺代表了甘肃彩陶史最高工艺水平之一，是仰韶文化西进过程中马厂类型在河西走廊的最高艺术成就，有史学专家认为，应自成一系，称之为“鸳鸯池文化”。另外，成年男女合葬的出现，反映出在婚姻形态上由对偶婚向一夫一妻制过渡。

历史的灰烬和残留的薪火里闪烁着昔日的光泽。站在午后的这一高台上，西望，想象金川河水奔涌而过；东眺，宛见群山间一座酷似长城烽燧的孤峰，孤独兀立着；听那身边淙淙流水，难解自然的谜语。念叨着鸳鸯池，展开文学的翅膀去想象四千多年前此地的美丽。有池的地方有水，有水的地方有鸳鸯，足见此地不是一般的水草丰美。从祁连山冷龙岭直泻而下的石羊河流域之分支东大河、西大河，在潜伏、上涌的跌宕行走中，形成了金川河，哺育着这方秀美的土地。这里，鸳鸯

遗址东边的夹山

金川河老河道

嬉水，国泰民安。山清水秀，物阜民殷，实为“塞上江南”的大写意，大符号。四千多年沧海横流，鸳鸯池畔无鸳鸯，美好的地名空留下的是对昔日的美好记忆，徒添的是对岁月无情的伤感和唏吁。

归来后的日子里，一直遥想着这个美丽的村落遗址。虽然这里今天没有一丝丝的留存，连一块碑也没有见到，但这丝毫不影响我对她的痴恋。在一份资料上看到，2014年8月，永昌县河西堡镇在修建兴盛住宅小区时再次发掘出了三座汉墓，发现了一枚“云山动物纹锥形浮雕”。在那块小小的浮雕上，有云有山，两只小鹿在山间跳跃，山后一只狼，还有一只老虎在长啸。考古工作者认为，此浮雕充分说明当时河西走廊的生态相当良好，生物链条完整。这样的一种生态系统及之后的演变，意义不言而喻。

余秋雨在《文明的碎片》里说，废墟是古代派往现代的使节，经过历史君王的挑剔和筛选。废墟是祖辈曾经发动过的壮举，会聚着当时当地的力量和精粹。废墟是一个磁场，一极古代，一极现代，心灵的罗盘在这里感应强烈。失去了磁力就失去了废墟的生命，它很快就会被人们淘汰。

余秋雨说，并非所有的废墟都值得留存，否则地球将会伤痕斑斑。只要历史不阻断，时间不倒退，一切都会衰老。

遥想鸳鸯池，同样需要这样的淡定。老就老了吧，因为鸳鸯池同样安详地交给了世界一副慈祥美。

鸳鸯池古树

溯源三角城

城市和乡村,真的没有哪一个会成为永恒。

针对河西文化视野的地域窘境,我曾在考察随笔《文化的格局》提出,历史的真实,应当放置在河西走廊的大文化背景下,走联合开发、交流创新、共同复兴的路子。任何割裂的表达、孤立的叙事,都将无益于文化的健康发展。

我必须承认自己的孤陋和无知。面对同在河西、与我的故乡武威一衣带水的金昌文化确实知之甚少。和许多人一样,知道这是一个"缘矿建企,因企建市"而兴起的一座现代工业城市。因了镍的光辉遮蔽了她其他的种种美好,"文化"在这里成为一个不起眼的名词,以至于更多的人认为这是一个"文化的荒漠"。然而,当听到这里有着被考古学者称为"河西第一城"的三角城遗址,有着丰富的沙井文化遗存且被评定为全国重点文物保护单位时,留在心中的是强烈的震撼和困惑。

金川公司老矿区

❶ 初上河雅访“沙井”

告别河西堡镇，沿着一条叫做河（河西堡）雅（雅布赖）公路的道路前行，我们的目的地是金昌市金川区双湾镇。至此，我才明白，多少年来，从河西堡到遥远的雅布赖，有这样一条路横亘于巴丹吉林沙漠和腾格里沙漠之间，满足着人们生存的需要。

对于双湾镇，不太陌生。数年前当“金武一体化”战略构想出台的时候，我曾带领采访团队开展了“走进金昌”异地采访活动。当时的双湾，是金昌乃至河西地区新型农村社区建设的示范典型。殊不知，这里还沉睡着辉煌灿烂的沙井文化。

对于沙井文化，更不陌生。沙井文化是甘肃地区青铜时代文化较晚的一个支系，因首先发现于民勤沙井子而得名。沙井文化时代大体相当于中原地区东周时期，上限距今3000年左右，下限距今2500年左右。1924年7月，瑞典地质学家安特生在一批神奇的彩陶和铜器的吸引下，北上河西走廊，进入了几乎不为世人所知的西部小县——民勤县。在那里，安特生考察并发掘了从柳湖墩、沙井子到三角城的40余座古墓葬，由此使民勤“沙井文化”进入了史前考古的经典。1943年以来，考古学家夏鼐、裴文中、贾兰坡等先后多次在民勤、张掖和永昌县城考察过沙井文化类型。

金昌双湾为什么会出现沙井文化？这里的沙井文化遗址为什么被评为全国重点文物保护单位？这是一个怎样的所在？

黄昏尚未来临的时候，我们驱车到达了双湾镇。在村委会旁，我们看到了用金文书写有“三角城遗址展览馆”匾牌的建

三角城遗址展览馆

筑。那字体，拙朴遒劲，笔力雄健，泛着青铜文化的光泽。

可惜，这家博物馆的门紧锁着。向导通过电话联系，了解到当地文博工作者在另一个地方等着我们，便继续前行，最后到达金川区博物馆。在那里，文博工作者通过凿石为器、抟土为器、铸金为器等几个专栏，实物展示着“金川遗珍”。我们有幸看到了来自于金昌土地上的马家窑文化遗存和三角城沙井文化遗存。

黄昏中走进位于金川区双湾镇三角城村的三角城遗址，远方苍阳如血，血色通感出流光溢彩的青铜光芒，时空里便迅速弥散着二三千年的历史况味。约430万平方米的遗址保护区在铁网的分割下呈现出不同的时态。铁网的外面，是今天的日月今天的人们；铁网的里面，是昔日的三角城城址、西岗墓群、柴湾岗墓群、上土沟墓群、蛤蟆墩墓群以及房址、窖穴、祭祀坑等文化遗存。这里拥有墓葬585座，出土文物3000余件。土地是一样的土地，精脉是一样的精脉，矗立在公路东西两侧的两块石碑，以强烈的分别心告诉着站立前面的人们，一脚属于今

金川区三角城遗址

天，一脚属于远古。

专家考证，这是西周晚期至战国时期西北少数民族修建的聚落城堡及墓葬区，是国内唯一保存完好的沙井文化代表性遗存，位列甘肃史前文化六期之末。中国社科院考古研究所研究员许宏认为，这是迄今所知河西地区最早的城址，也是这一地区唯一的一处先秦时代城址，是迄今所知中国先秦时代分布最西的城址，是西部地区最早的绿洲城址，也是整个东亚大陆罕见的华夏农耕圈以外的城址之一。因建城历史久远、文化类型独特、文化内涵丰厚，史学界称之为“河西第一城”。

诸多的考古研究资料给我们再现着这样的历史场景：大约在公元前9世纪至公元前5世纪之间，时值中原地处青铜时代和铁器时代交替的时段，在金川河流过的双湾，居住着以城邑为中心聚落的人群。他们身着用铜装饰的皮质或麻质服装，佩戴着玉石、骨珠等装饰，他们用铁质工具耕作，种植着粟、糜、小麦等旱作谷物；他们以陶器为主要生活用具，拥有畜牧

远眺三角城遗址

羊群，过着男耕猎、女纺织的生活。通过贸易，他们还获取着本地缺少的像绿松石、海贝那样的物资。

有专家认为，根据这里的文化因素判断，这是一支来自北方草原的古族。根据出土文物考证，很大程度上属于古代月氏族或乌孙的遗存。《史记》上记载，乌孙人和月氏人最早在河西游牧，月氏人曾在河西建有张掖临泽的“昭武城”和金昌金川区的“三角城”。有学者认为，这样的城市最早由乌孙人或者更早的人们所筑，之后被月氏人所使用。历史的积淀在这里呈现出层峦叠嶂的姿态。这里出土的虎噬鹿青铜铈牌、三兽纹铜镜以及彩陶、卜骨、贝币等文物，精美独特，内涵丰富，在研究沙井文化内涵、甘肃河西走廊史前文化以及先秦时期西北古代少数民族史等方面具有重大的价值。2013年，金川区三角城遗址以其“出土器物精美而独特，内涵文化因素丰富而复杂”而被国务院公布为第七批全国重点文物保护单位。

三角城遗址

河西五月的田野呈现出勃勃生机，万物迸发出童年的激情，一个劲地奔跑在生命的跑道上。三角城遗址周围，沙枣花开，香气浓郁。刚刚覆盖住黄土的玉米、小麦在偌大的荒野里显示着生命的张力。迎着夕阳视野所及的范围构成了天然的时光隧道，星罗棋布的坑道里蒙太奇般地呈现着史前的岁月。在日月的轮回里，史前的先祖沿着一条河开创了属于历史属于子孙后代的生活方式，也创造了一种独特的文明。几千年后，尘归尘，土归土，城市变成了荒野，又一座新城将在另一个文明的据点上诞生。

作别之后是卧游。阅读中的行走使我了解到，那间紧锁着的位于金川区双湾镇三角城村村委会旁的“三角城遗址展览馆”竟然是当地村民们自筹资金42万元自发建起的。展览馆落成当天，村民们还自发地捐出了他们祖祖辈辈在遗址上捡拾挖掘到的170多件珍贵文物。通过资料还得知，这里出土了一个直接影响和铁证着20世纪60、70年代中苏边境之争的铁犁铧。作为农耕地区的一个信物的图片应该就在那个博物馆里，只可惜无缘一见，不能不说是一种遗憾。

❷ 金武一体本同源

作别之后更深的悬念，便是民勤沙井文化与金昌沙井文化的姻缘分析。查阅出自金昌本土的文史资料，许多的记载上都表达着一个概念。距今4000多年前的原始社会晚期，金川先民就在金川河流域繁衍生息。春秋战国时期，这里为北方游牧民族驻牧之地。金昌三角城是金川河流域游牧文化和农耕文化融合的重要结合点，是中西方文化交汇融合的重要见证地，是金昌市最为重要的本土文化和历史文化。

河西走廊是古“丝绸之路”的要道。从19世纪末开始，就不断有国外的探险家、旅行家和学者在此探险考察。考古学家裴文中先生就曾说，在西北，那里有广漠无边、任人驰骋的地方，且多半是处女地，等待我们去调查。那里考古材料之丰富，从考古学的角度，足以能用“遍地是黄金”这句话来形容。

金昌是丝绸古道的咽喉，锁控甘凉二州，自古以来便是东西交流的“孔道”。金昌历史文化的根在哪里？

一位名叫李志荣的金昌籍文化工作者曾写过一篇《金昌历史文化的“魂”在哪里？》。文中说到，一种或多种历史文化，必须要追根溯源，正本清源。人类历史的发展，从愚昧、混沌初开到文明，离不开几个核心元素，即水、生物、土地。诸多因素中，水是基础。人类历来遵从“逐水草而居”的基本生存理念，有水，才有游牧、渔业、农耕及狩猎等文化类型，才具有文化乃至文明诞生的前提和基础。水图腾，始终是人类最为重要的精神信仰。作者认为，金川河发源于祁连山永昌段的古金山之阳，流经永昌县、金川区、民勤县三个冲刷沉积形成的绿洲平原，最终交汇于昌宁湖，是金昌市的生命河、母亲河。

说金昌，永昌是绕不过的一个重要节点。永昌县隶属于金昌市，位于河西走廊东部，祁连山北麓，东邻民勤、武威，西迎山丹，南依肃南、青海门源县，北与金川区、内蒙古自治区阿拉善右旗接壤。以“永昌”命名的行政区域建制最早见于元至元十五年，当时称“永昌路”。明置永昌卫，清雍正三年改为永昌县，取“永远昌盛”之意。据境内发掘的石犁和鸳鸯池、毛卜喇、水磨关等20余处新石器时代古文化遗址和大量文物考证，在距今万年前到4000年前后原始社会晚期至奴隶社会早期，人类就在今永昌县境西大河和东大河流域繁衍生息。

永昌县地形复杂，境南祁连山层峦叠嶂，境北龙首山巍峨绵延，大黄山、武当山夹居其间，形成县境内3个隆起带、两个狭长走廊平原和一块残丘戈壁荒漠区。西南部冷龙岭主峰海拔4442米，为县内最高峰。永昌县属内陆河石羊河水系。地表水由祁连山山区大气降水和冰雪融水组成，形成东大河、西大河及18条小沟小河。永昌县的地下水多系地表水转化而成。据史料记载，永昌县共有大小泉眼5.78万余处，诸泉水依其地势汇流形成金川河、清河，纵贯境内北部与东北部。金川河、清河除泉水外，又分别接纳西大河、东大河、西营河汛期部分洪水和非灌溉季节余水。因此，永昌县的地表水和地下水同出一源，互相转化，组成西大河——金川河、东大河——清河两大水系。主河流总长约400千米。

甘肃省水利厅石羊河流域管理局绘制的《甘肃省石羊河流域水系图》显示，形成金昌水系的东大河、西大河，孕育了双湾沙井文化的金川河，均属于石羊河流域上游的分支，它们滋润着永昌灌区、金川灌区，最后流向民勤昌宁灌区。而安特生发现沙井文化的柳湖墩遗址，就位于居此不远的东北方向。

溯源看沙井，人类的文明总是依河而行，依河而兴。

溯源看沙井，再次感知文化的格局。

神往毛卜喇

能够滞留脚步的因素也许很多，但心向往之注定是生命中的一次邀约。走进永昌县毛卜喇，同行的冯玉雷关注的是寻访那里的岩画石刻。而对我而言，更多的源于红山窑、毛卜喇这些充满诱惑而令人遐想的地名。

永昌的低调令人叹服。随着大汉天子在河西置郡建县，这里的县地在不同的历史时期分属不同的郡辖，有时属武威郡，有时属张掖郡。西汉至南北朝时期，永昌境内先后置鸾鸟、番禾、骊靬、显美、焉支等县，其具体界线虽无从查考，但均位于今东大河和西大河流域。后周废显美县，并入姑臧武威。隋时复置番禾县，属武威郡。元至元十五年置永昌路，自此出现永昌之名。明洪武年间置永昌卫，清雍正三年改为永昌县。1949年9月成立永昌县，属武威行政专员公署。1981年成立金昌市，永昌划属金昌市。

就在这东临西靠的变迁中，永昌不温不火，不急不躁，伴着缓缓的河流书写着自己的历史。不经意间，岁月的大笔在这里写下了许多叹为观止的惊世篇章。因着考察方向的取舍，三千弱水亦只能撷取由此溅起的片片浪花。

❶ 凉州瑞像圣容境

红山窑，是永昌县的一个乡，位于县境西北，距离县城大约40千米，背靠焉支山。那里有建于晋永嘉五年的高古城故址，又名焉支县城。城内地表有大量瓷片及少量灰陶片。境内有汉、明长城。知道红山窑，始于女作家黄璨的《红山窑·毛卜喇》的文章。红山窑有窑，瓷窑。

毛卜喇，蒙语的意思是“苦涩的泉”。这是红山窑乡的一个村子，坐落在汉代长城脚下的偏僻小盆地，古金吕城所在地。北有火焰山并着汉代长城，东有圣容寺，西有大泉水库。历史的毛卜喇景色优美，上有三官庙、药王庙、娘娘庙、土地庙、龙王庙、观音庙、关帝庙等，凝聚着永昌历代多民族文化的精髓。尤其是这里的“卍”字灯实属西北一大绝活，汉明长城遗址享誉陇上，毛卜喇羊肉叫响四方。

正是夏日的周末，匆匆结束对永昌县博物馆的考察，我们便在当地向导的陪同下，驱车向着这些写满传奇故事的村落进发。一路上，经过圣容寺、花大门石刻、汉明长城遗址，最后去寻找青山深处的大泉岩画。

御山，又称御容山，御谷。圣容瑞像就位于永昌县北御山峡谷的石壁上，佛身高约6米，为天然石壁象形像，和山体连为一体。佛教史籍记载，北魏太延元年，并州高僧刘萨诃孤身西

永昌县博物馆

行去印度礼佛取经，行至凉州番和也就是今日永昌，向着城北御山峡谷礼拜。刘萨诃预言，御容山谷将出现佛陀宝像。若佛像身首完整则天下太平，反之则天下大乱。

到了北魏正光元年（公元520），果然有一佛像现于岩间，唯少头。40年后，却在距此山岩200千米之遥的凉州城东7里发现佛首，即“奉至山岩安之，宛然符合”。人们感到刘萨诃的预言灵验，在此修建了瑞像寺。就此，御山圣容寺名播天下。

隋大业五年（公元609年），隋炀帝西巡时驾临此寺亲往礼拜降香，敕题“感通寺”，被隋炀帝敕封为皇家寺院；唐贞观十年（公元636年），三藏法师玄奘从印度取经归来路过此寺，曾在这里开坛讲经数日。唐中宗时又改称圣容寺。御山峡谷南、北山顶的两座佛塔是河西现存最古老的佛塔之一。塔因寺而名，建于唐代。其形与西安小雁塔相仿。被列为省级文物保

永昌县圣容寺

圣容寺瑞像殿

护单位。

在圣容寺前南面的山崖石壁上，有两块比较醒目的石刻。左边一方刻字四行，右边一方刻字两行，均自左至右横写。据学者考证，左方第一行为八思巴文，第二行为回鹘文，第三行为西夏文，第四行为汉文。右方第一行为梵文，第二行为藏文。这六种文字的石刻表达的是同一个内容：佛教真言。汉文写作“唵嘛呢叭弥吽”，是梵文音译。翻译成汉语，意思就是“如意宝啊，莲花哟！”

走进圣容寺，并非好奇于天赐石佛瑞像的传奇故事，心中一直惦念着的是上海交通大学致远讲席教授、中国文学人类学会会长叶舒宪老师提出的“玉教与佛教信仰转化”的论述。先生在2014年走进河西的“玉帛之路”考察中提出，在凉州一带，西来的佛教借助本土最早的玉石神话信仰，完成了宗教的嫁接转化。譬如玉佛的产生，譬如瑞像名称中的瑞字，譬如感通等词汇。先生认为，从玉石神话到石佛神话，从玉教信仰到佛教信仰，中国文化史上最重要的一次神圣对象的大转换便在河西走廊上悄然完成。在某种程度上说，“西玉东输”的“玉石之路”，构成了后来“西佛东传”佛教的传播路径。

❷ 长城逶迤毛卜喇

在永昌县金川西村北面的龙首山余脉处，有一座形似睡佛的山峰。因两山夹势相距不足百米，山体为红色，形似大门而得名花大门山。在山的南段，有保存较为完整的汉代壕堑、明代长城自东向西绵延，经暗门村、毛卜喇村至山丹峡口地界。在北部山崖离地面1～10米的崖面上，雕刻有50余座塔浮雕藏传佛教塔群，当地的人们叫花大门石刻塔群。这里的各塔大小不一，有覆钵式喇嘛塔、阁楼式石刻塔、檐式砖砌塔。有关专家鉴定，这里有可能是一处西夏至明代时期集安置圣容寺僧侣骨灰之石刻舍利塔、瘞窟以及圣容寺僧侣和佛教信徒所刻画的功德石刻塔为一体的藏传佛教石刻遗址。周边山体悬崖上有多幅岩画，上刻动物、香炉、文字等。

河西走廊的长城很有名气，横贯于永昌境内的长城亦为壮观。这里的长城始建于汉，补修于明，东从民勤县沙井子村向西进入永昌地界，西南至河西堡后，又沿着金川河延至金川峡水库。由此西行至毛卜喇约7千米的城段烽燧突起，形制完好。汉明长城在毛卜喇古城堡交汇后，向西北而去，至山丹县绣花庙，全长约120千米。

古道残垣，夕阳正斜。在夕阳的抚照下，长城显得愈发伟

花大门石刻

永昌境内明长城

岸而苍茫。大漠朔风、长河落日、古道边墙，都是羁留在文人墨客心头特有的苍凉与悲壮。金黄色的旷野里，驱车直往金昌境内保存最完整的毛卜喇处的长城，路过寂寥的村落，看着那些“空壳村”里的留守老人，还有痴痴守望的村头老树，岁月的沧桑感铺天盖地地袭来。极目西望通向远方的长城，宛如一峰持重的骆驼，载着历史的行囊踟蹰前行，功与过都化为沉默。是的，人望长城千万遍，每个人每一次都会有不同的感受。这也许就是长城遗址留给世人最大的秘密，亦是最好的启迪。

长城是中国游牧文化和农耕文化的交汇带，毛卜喇是长城在金昌境内的重要防御点。资料上记载，曾有长城专家研究称，长城的修筑地点相当科学。一般都是城内水甜，城外水

永昌长城

苦。毛卜喇，苦涩的泉。难道这就是她得名的真正原因？一个地名，一场宿命。

❸ 大泉岩画记古史

西山呼唤着落日。一路上的看点来不及流连，将一切的思绪贮存于再回首的转身之间，继续前行的路——寻访大泉岩画。

岩画，是古人刻绘在岩石上的图画或符号，它以象形绘画的语言呈现着史前人类的生存状态，蕴含着一个民族在特定时期特定环境下的生活习俗、社会经济、宗教信仰和文化艺术。一幅岩画就是一段故事或者一段历史。在这个巨大的谜语里，隐藏着已经消失了的一个民族一个时代的写实状态和精神奥秘。学者认为，岩画是古代游牧人贡献给人类的一份厚礼，是文化“大传统”下史前时期的大百科全书。

史前陇原是少数民族活跃的舞台。据专家研究，甘肃岩画最早可追溯到旧石器晚期，但多数为春秋战国到秦汉时期的遗存。甘肃岩画再现了古代乌孙、羌、月氏、匈奴等少数民族在这片土地上的游牧生活，记录着他们生产生活的场景和故事，见证着古代少数民族迁徙的脉络。20世纪90年代，金昌市永昌县文物工作者在牛娃山曾发现过200余幅岩画。2014年，金昌市金川区文管所工作人员在赤金山峡谷中发现了20余处40余幅岩画。这些岩画凿刻于石质坚硬平整的石壁上，上有人面像、动物、狩猎场景等，雕痕清晰，基本完好。从构图和内容进行对比，二者均有相似之处，反映了古代游牧民族生产生活的场景。

大泉岩画碑

寻找岩画

大泉岩画在哪里？那些岩画上会有什么内容？远古的先民们为什么要在这里刻画？它们敲凿于什么年代？一连串的疑问引发着一系列的思考。伴随着这些思考，我们在当地文化界朋友的陪同下一同进山探寻。穿过毛卜喇，来到大泉水库。山重水复疑无路，柳暗花明在何方？朋友不断地通过电话咨询，不断地下车探路。

行行重行行，在一座山坳里，终于见到了由金昌市政府于2012年4月设立的"大泉岩画"碑。碑文上记载，这里是新石器时代阴刻岩画，东西长200米，高15米，面积3000平方米。碑文上说，大泉岩画是河西走廊中部代表性岩画，具有重要的历史和科学价值。

"大泉岩画"碑的出现很让寻访者兴奋，她给疲劳的行者陡添一分力量。但是在连绵的群山间何处可见岩画，这只能成为一件碰运气的事儿。同行的人们开始向着不同的方向不同的山梁攀爬，俯首攀登间寻寻觅觅，找寻那远古而来的岩画。

这是一座典型的石山。每一块石都露着十分个性的刀锋，泛着黝黑的光。那些叫不上名字的山花山草顽强地爬伏于山间的每一个缝隙，扎根于破岩之中，孤独而执着地盛开着自己的花，散发着自己的香。就在这样的气场里，数千年里遗落下的岩画静静地沐着风，栉着雨，陪伴着山里的毒日头。今人不见古时月，今月曾经照古人。那些岩画见过古人见过今人，见过懂她的人见过不懂她的人。

无限风光在险峰。当山间明月即将升起的时候，在同行者的一声惊呼里，大泉岩画呈现在了我们面前。

"大泉岩画"碑文上介绍，这里岩画上的图案内容多以动物为主，有人物、器皿、骑射场景、象形文字等五十多个，象形

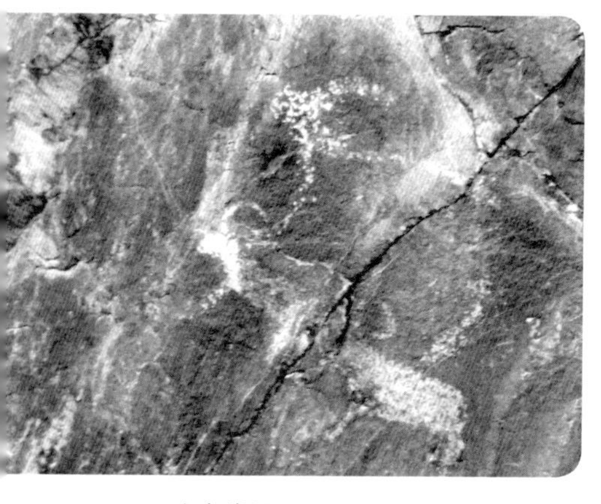

大泉岩画

文字内容为“日”“月”“羊”。大家每发现一处岩画，都要呼朋引伴观赏品鉴，照相取证。大家饶有兴味地探讨属于什么样的图案什么样的文字，或者从史学的角度去分析是一个怎样的图腾图案，或者展开文学的想象去猜测古人为什么要刻凿下这样的图画。除却用色的图案外，迄今为止，国际上也没有一种科学方法能够确切断定岩画的创作年代，只能依靠考古学、比较学的传统方法进行比较判断。这些岩画，也许反映的是一个抽象的图腾图案，也许反映了远古人

毛卜喇的羊群

民的原始崇拜，也许有着超验的宗教观念，也许是祭祀场景的某种特殊符号，也许是情人间的一种爱情密码，也许是牧羊人的一种记事方式。

月上杨树梢，人约黄昏后。这次探寻活动在黄昏时分结束。我们无法去更多地记载大泉岩画的内容，但是我们见到了神秘毛卜喇大泉所在的日、月和自由游走的羊群。

踏着夜色告别红山窑，告别毛卜喇。这里确实是河西走廊上一个极为寻常的村子，寂寞而荒远。能看得见山，能望得见水，能荡得起淡淡的乡愁。资料上记载，这里有铁矿、铝矿、石灰岩矿、煤矿、粘土矿等丰富的矿藏资源。但我更怕因着这些财富而打破了数千年的宁静和纯洁。匆匆的行程中，没有来得及看到这里与陶与瓷有关的东西，但我分明感受到了那种与陶与瓷相关联着的平和与悠长。表象中的毛卜喇有“青山郭外斜，绿树村边合”的自然美景，还有破败的土坯房，悠闲的黄牛，还有夜色中独自前行的一位村妇。毛卜喇储存了古堡、长城、佛寺、彩陶、青铜、岩画等太多的内涵，平添了一份岁月的柔韧和历史的幽深，因此也成就了她不以物喜、不以己悲的练达。

黄昏中的毛卜喇村庄

此中有真意，欲辩已忘言。

寻找大西河

七千多年前，当亚非草原的干旱化催生出撒哈拉沙漠、阿拉伯沙漠后，那些古埃及人、苏美尔人向着潮湿的河谷沼泽奔去。今天，当我们的河谷沼泽被沙漠吞食后，我们该向哪儿去？

史料记载，石羊河在民勤县境内分为东西二支，东支为大东河，西支为大西河，最后北流注入青土湖。然而，在今天的民勤境内，除了跃进总干渠这条承担着向湖区输水的主动脉外，很少有人提及当年的东西大河。已基本废弃的大东河还依稀保留着老河道的影子外，大西河已经成了历史的一个回忆。

沧海横流，那条孕育了民勤绿洲、孕育了“沙井文化”的大西河到底在什么地方呢？

2010年金秋八月，我和《大漠·长河》摄制组成员何宏德、袁洁、马延河一行，相约柴尔红，一道从红崖山水库出发，寻找大西河。

❶ 大河已成风沙线

人居长城之外，文在诸夏之先。远在4000多年前，民勤绿洲就有人类定居，开始半农半牧的生产活动。秦汉时期，民勤绿洲为匈奴占据。这一时期，“谷水”流域的水量除了滋养南部绿洲外，大部分进入民勤北部绿洲，注入终端湖——潴野泽和休屠泽。

据考证，民勤城以西上下连绵300多千米的地方就是早期大西河的流域。大西河，从地处红崖山和黑山之间的红崖山水库的泄洪口流出，向着西北自由奔去。

柴尔红是武威市民勤县中学的一名地理老师。这位地理与环境专业毕业的老师，还是全国“自然之友”的会员。多年来，他以一颗平民的心态始终关注着家乡民勤的生态。在红崖山和黑山之间的荒漠区，柴尔红寻寻觅觅，寻找着当年浩浩大西河的痕迹。今天，从西北方向刮过来的大风把古河道完全变成了沙的世界，这里已成了巴丹吉林沙漠的最前沿。

离开了黑山头，柴尔红来到了一个叫龙王庙的地方。从这个名字上听去，不难感觉出这里的人们对水神龙王的敬畏。在民勤历史上，大大小小的庙宇道观有860余处，其中一半为龙王庙。由此可见人们对龙王爷顶礼膜拜的虔诚。可是，大西河的东岸已由湿地生态系统演变为荒漠化生态系统，今天的龙王庙却是民勤绿洲西线最大的风沙口之一，成为有流沙面积13万亩的茫茫沙海。

2000年，民勤县在这里启动了红崖山水库绿色保卫工程；2005年，民勤县把这里列为全县防沙治沙的重点区域。龙王庙里伏黄龙，这是唱给治沙英雄群体的一首赞歌。这里涌现出了全国治沙英雄石述柱和民勤防风治沙的“宋和样板”等一批典型。

漫漫黄沙中寻找大西河

登临治沙纪念塔，远望曾经的大西河

柴尔红登上治沙纪念塔，看到了郁郁葱葱的树木，也看到了茫茫无际的沙漠。而他的脑子里，一直幻化着、奔涌着那条汹涌北去的大西河。

在位于宋和村的民勤县治沙展览馆里，柴尔红久久地伫立在地貌沙盘前，寻找着那条养育了民勤人民的大西河。柴尔红指着地形沙盘向我们描述着史书上的大西河，他说，大西河从红崖山和黑山之间缺口冲出之后，一直沿着民勤绿洲西边的外围，最后到达了西渠镇最西边一个叫外西村的地方，最后注入青土湖。可惜，这是原来河流的方向，现在的河流已彻底消失了。

带着一丝怅然，柴尔红又来到了民勤县大滩乡西沙窝一线的老虎口。顾名思义，这是一个风沙像老虎一样凶猛的地方。当地的人们却说，老虎口其实是“老河口”的音变。意思是说，这里曾经是大西河的河口。事实上，今天的老虎口已经像一把楔子一样直插民勤绿洲的心脏。

2008年，民勤县又在“老虎口”召开了新中国成立以来的第二次生态治理誓师动员大会，将“老虎口”作为全县防沙治沙的主战场，拉开了民勤县新一轮防沙治沙保卫战的序幕。甘肃省连古城管理局连古城管理站的负责人陈永明告诉我们，老虎口沙化非常严重，这里的沙化有17万亩，长度是33千米。通过2008年的治理以后，总的治沙面积达到了71000亩。走出老虎口防沙治沙新技术试验示范区，柴尔红长叹道：我们在风沙线上的决战还要坚持多久？

位于民勤绿洲最北端的三角城遗址，是民勤古绿洲上非常重要的边塞。因为城的平面呈三角形，所以人们叫它为三角城。由于它的位置位于民勤绿洲的最北端，所以它的主要功能是防范匈奴的南下，它的性质应该和居延绿洲所设置的遮虏障性质是一样的。专家们从这里出土的石刀、石斧等工具以及三角城周围还散落着的大量的陶片、碎砖瓦等文化内涵

在老虎口的怅惘

来推测，这座城至迟在汉末就已成了废墟。至于为什么废弃，西北师范大学教授刘再聪认为，根据历史情况来判断，不可能存在主动放弃这个原因，主要原因可能在于环境恶化导致的。环境恶化一个最重要的表现就是水资源的紧张，上游过度开采，导致大西河一带水量的减少。

如今，这里仅仅剩下了一个20多米高的土台。柴尔红登上黄昏的三角城遗址举目四望，曾经汪洋奔流的大西河早已不复存在。

走下三角城遗址，柴尔红向着西北走去。柴尔红相信，前面应该就是大西河流过的古道。直到走进民勤团山的茫茫荒漠中，柴老师欣喜地看到了昔日的大西河古道。捧着那些从沙砾中捡起的淡水螺，柴尔红坚定地认为，这些足以充分证明这里有充足的水源，这就是大西河古道。

但今天，这里处处可见一座一座的沙丘，龟裂的土地和随

三角城下见大河

处可见的残垣断壁，处处可见令人震颤的变迁。

大西河没有了，这里就成了风沙线。

② 风沙迷茫古绿洲

大西河变成了一个沙海。今天的人们，已经无法看到那条美丽的大西河了，也无缘再见到那个由大西河哺育的美丽绿洲了。

西北师范大学教授刘再聪认为，武威民勤一带绿洲很多，可以分为三种，扇形地绿洲、沿河绿洲和干三角洲绿洲。干三角洲绿洲分布在内陆河的终端，土地肥沃，取水方便，但是水源不太稳定，容易受到河流改道或者上游人类活动的影响。民勤绿洲属于典型的干三角洲绿洲。从历史上看，民勤绿洲有三次辉煌三次开发。第一次在两汉时期，第二次在唐代前期，第三次在明清时期，三次大规模的开发造成了绿洲不断的萎缩。

那么，今天的民勤绿洲是怎样的一番情景呢？在今天民勤县1.6万平方千米的土地上，各类荒漠和荒漠化土地达到2280万余亩，而适合人类生存的绿洲面积只有5.49%。就在这5.49%的绿洲外围，还有60万亩流沙、60余个风沙口窥视着人们赖以生存的土地。

是什么原因使极盛一时的民勤古绿洲趋于衰落，变成了现在的这个模样呢？柴尔红说，一个绿洲的消亡和一条河流的命运息息相关。在他们的命运里，水是一个十分神秘而无情的精灵。在汉代以前，整个民勤绿洲大约是4000多平方千米的一个巨大的内陆湖泊，和现在的青海湖面积差不多。那时候，居住在湖泊边的人们，逐水草而居，可渔可牧。汉民族从中原地区来到湖边，肥沃的淤泥上开垦出一片片绿洲，种上了庄稼。民勤绿洲的地方逐渐由渔猎、游牧变成了农耕。到了明代，中原王朝把长城延续到了嘉峪关。沿着长城，民勤绿洲再次兴起大规模的开垦；到了清代，随着人口的增加，开垦达到了极点。在有水的条件下，她发育成繁荣富裕的绿洲；水的断流、干涸，上中下游水的分配，水流的萎缩，就造成了绿洲的萎缩。

是水，造就了民勤“碧波万顷，水天一色”的美景。

是水，引来了一批又一批的拓荒者、开发者。

是水，一日一日地造就了湖泊的萎缩，造就了民勤一片一片的农业绿洲。伴随着绿洲大规模的开发，昔日大河汪洋的石羊河悄然变成了季节河。

没有了水，风来了，沙来了。此时的大西河，已基本被风沙侵袭，成了植被稀疏的沙荒带。民勤，已由古绿洲的生态环境逐渐演变为荒漠化。

今天，当我们站立在民勤城西的风沙线上，看着那一望无际的西沙窝，谁能想到，在汉唐时期，这里还是一片面积达一千多平方千米的古绿洲呢？谁又更能想到，在古绿洲以前，这儿就是那片水天一色的浩瀚西海呢？

大西河走了，民勤绿洲变成了无水的绿洲，变成了风沙的绿洲。

③ 沙井文化诚可忆

沿着大西河，纯朴善良的民勤人民创造了属于自己的历史和文明。寻找大西河，不能不想起大西河孕育的绿洲文明。

1924年7月，已经在中国进行了长达10余年考古的瑞典地质学家安特生在一批神奇的彩陶和铜器的吸引下，北上河西走廊，进入了几乎不为世人所知的西部小县——民勤县。从柳湖墩、沙井子到三角城，安特生对这里的古遗址进行了大规模的开挖。一月之后，安特生的马车满载沙井子40余座墓葬中出土的器物踏上了回京的道路……

随着安特生的离去，“沙井文化”进入了世界史前考古的经典。民勤，也因“沙井文化”而闻名于世。

沙井文化，是中国新石器时代甘肃地区重要的原始文化，它因首先发现于民勤沙井子而得名。沙井子文化，反映了西周中期至春秋中期这个时代。沙井文化告诉人们，在中原王朝统治势力直接到达河西走廊之前，民勤一带已经有了相当成熟的远古文化。

据考古发掘，分布在北部民勤绿洲中新石器时代的文化遗址和匈奴时期的定居点，在地理分布上呈现出明显的规律性。沙井子遗址位于北部民勤绿洲的大西河沿岸，其余大多分布于南部绿洲的红崖山以南、武威城区以北的冲积、湖积平原上，这里是冲积扇前缘的地下水溢出带，泉水出露，形成小溪，汇集成河，如南河、北河、石羊河、白塔河、红水河等。泉水溢出带以下，地势平坦，河流曲折发育，河道湖、牛轭湖、沼泽地星罗棋布。湖泊中水草丛生，碧波荡漾，湖滨及河间地草场丰美。自然，这里是游牧民族放牧的天然草场，也是便于引水灌溉发展农业生产的理想地区。同样是水，孕育了沙井文化。

以红陶双耳罐为代表的沙井文化是甘肃年代最晚的含有彩陶的古文化，也是我国最晚的含有彩陶的古文化。随着西去的驼铃声，它最终消失在了茫茫的大漠戈壁中。

④ 风沙掩映武威郡

由大西河孕育的这片古绿洲突出于河西走廊平原的北方，自古以来具有十分重要的军事地理位置。伴随着大规模的开发，民勤古绿洲上相继建起了一座座黄土和砂砾夯筑的城池。西汉初年，这里是休屠王的领地。他在石羊河西岸筑起了休屠城，作为王庭。汉朝统治河西以后，首先在区内筑城立县，修筑长城亭燧。三角城、连城、古城、文一城，陆续出现在这片绿洲上。像汉代的武威县、宣威县，唐代的武威县、白亭军等军政建置，都设在这片古绿洲上。大西河走了，这些曾经辉煌一时的、曾经影响着当时历史命运走向的城池，同样无可奈何地伴随着河流的消逝而淡出历史的视野。

在茫茫巴丹吉林沙漠腹地，我们在连古城管理站负责同志的带领下，涉过20多千米沙漠地带，翻越一个一个的沙丘，找到了昔日的连城。它，位于民勤红柳园一带、大西河畔西沙窝中部偏北的位置。

公元前69—前66年，大汉天子在这里建成了武威县。经过两千多年的风沙侵蚀，茫茫沙漠中的连城已经基本变成了废墟。站在连城故址西墙的中界上，柴尔红指点着零散可见的墙垣给我们介绍着，西边，隐隐约约可见的坍塌的城墙，是故址的西北角。从那一星还可帮助定位的点开始移动，可看到从西北角向东城墙的延续，古城的东北角已经完全坍塌。破败的东墙尚可从远处高低起伏的沙丘上的一些植被中模糊看出。再远处，应该是东南角，然后沿着东南角向西走到中间，也有一段隐约可辨的城墙，应是南墙。最后是东南角。

连城遗址——曾经的武威县城

废墟上的柴尔红很容易让人联想起骑士堂吉诃德。他站在城墙废墟上，用手指着远方的莱孚山，指着茫茫的沙漠，努力唤醒着每一个在场的人的记忆。好让我们感受到，脚下的流沙，无边无际的流沙，不是真正的流沙，这里实际上在两千多年前就是河流，是大西河冲刷的古道，是大西河的东岸。

柴尔红以老师惯有的语调，以散文化的叙述，帮助我们实现着对一座故城的重构。他说，这里，就是汉代的武威县。咱们说武威威武，就是汉朝中原王朝武力在遥远的边疆的一次炫耀。就是当年打败匈奴之后，中原王朝的武力、中原王朝的文化、中原王朝的政治经济向西的一次伟大延伸。在当年，这里阡陌纵横，水流不息。在雄伟的武威故城，人们出出进进，传递着来自中央政府的指示，传递着来自汉边的情报。可惜，2000多年之后，随着大西河的干涸，这古城就埋没在茫茫的沙漠之中。2000多年之后，只有这些坍塌的城墙在告诉着人们，

柴尔红讲述连城遗址

当年是谁滋养着这片绿洲和这片绿洲上修建起的城市。2000多年来，随着水道的变迁、水质的变化，没有了水，也就没有了生命。在西风的吹送之下，巴丹吉林沙漠一轮又一轮，一年又一年，漫过大西河，一直吹送到了连城，直至被沙漠淹没。柴尔红充满希望地说，现在国家特别重视生态。不久的将来，连城故址将修建起治沙防护林。治沙项目的实施，将会吸引更多的人们来到连城故址访问探究，来了解古代的水，古代的绿洲，和现在的沙漠。

他说，我们在探索中，我们在思考中，我们在醒悟中，我们也在努力中。

考古专家们曾对此进行过多次的挖掘，这里有练兵校场、兵器库、铜器作坊、玛瑙作坊的影子。专家考证，在汉代和唐代的时候，连城是这两个朝代的武威县城。它的废弃应该在唐代中期。而从唐朝的国事来讲，连城的废弃也不存在主动放弃的原因。连城古城的最后废弃，主要原因也在于自然环境的恶化，水资源匮乏是主要原因。

今天的人们走过这里，没有几个人能够想得起这是曾经的武威县城所在地。今天，这里的大部分墙体都已残破，被沙丘埋压。甘肃省人民政府于1998年9月16日在这里立下了甘肃省级文物保护单位“连城故址”的石碑。

连城湮没在了历史的风沙里。同样，与它一样修建在大西河东岸的古城、文一古城都没有逃脱因为生态变化而被迫废弃的厄运。

民勤古城遗址的寻找更是十分的艰难，它同样位于今民勤县大滩乡西边12千米处的茫茫沙海中央。我们从晨曦初露的时候出发，见到它的时候已是烈日炎炎的正午时分。

在古代大西河流域的滋润下，汉王朝在这里设置了一个国

柴尔红寻找民勤古城

防前哨，专门对付游牧民族的侵扰。随着大西河的干涸，这座城市最终彻底地被无边无际的沙漠掩埋。今天，古城的墙垣亦甚残破，表土疏松，四角的角墩多已倒坍。专家考证，民勤古城当属汉唐时期的一处军事据点。

站在古城遗址上，柴尔红同样按捺不住自己的无限感慨。他说，夯土层的墙在茫茫的沙漠中静静地诉说着水和人类文明的关系。当水从大西河流过来的时候，我们知道。有了人类，有了文明，有了城池，有了军事，有了国防。当水消失的时候，这座城池就被茫茫的沙漠掩埋，有水才有绿洲，有水才有人类。没有水，一切都变成荒凉，水就是生命之源。但是，我们怎么利用水？怎么处理人和水的关系？古代人和现代人都面临着同样的问题。其实，古代人是这样，现代人是这样，中国人是这样，全球人也是这样。

民勤古城遗址

柴尔红认为，既然这里出现了城池，就可以肯定这里有人类在活动，就可以肯定这里一定有水。而且还可以肯定的是，这个地方应该是一马平川、无边无际的广袤的原野，不是我们现在看到的高低起伏、连绵不绝的沙丘。大西河把肥沃的淤泥冲刷到下游，人类发现这个地方是一个适宜生存的地方，是适宜农业开垦的地方，所以人们才建筑了城池，才成了当初汉唐王朝国防的最前沿。而同样的道理，因为没有了水，也便没有了开垦的价值，也便失却了城池。人和水，就是如此的因缘。

在民勤县博物馆，我们看到了一张民勤连古城遗址的照片。专家们考证，该城为汉武威郡宣威县城。这四座城池的分布以及先后废弃告诉我们，在汉唐时期，这一带的地理位置非常重要。同时也告诉我们，在汉唐时期，这一地区自然环境的变化非常的巨大。

往事越千年。回想三千多年前的潴野泽畔，胡杨婆娑，红柳摇曳，湖泊荡漾，牛肥羊壮，先民们在这里刀耕火种，狩猎捕鱼，一座座城池在西北边陲的河流旁傲然矗立。话说间，墙栌灰飞烟灭；数千年，恰似海市蜃楼。

5 空向秋波哭逝川

沿着这些古城蜿蜒而来的，还有被人们称作军事屏障、绿洲保护神的千年长城。而今天，随着大西河的消逝，历经两千多年风风雨雨的长城又成了怎样的一番风光？

《史记·大宛列传》中记载到："汉武帝元鼎六年，始筑令居以西，初置酒泉郡，以通西北国。"这个信息告诉人们，汉武帝时候，人们修筑起了从兰州黄河以西通往河西走廊的长城。

民勤境内，应该有汉明长城。

在民勤境内，汉长城大约有150千米，明长城有120千米，虽然我们今天在实地很难找到汉长城，但是在大比例尺的宏观照度下可以隐隐约约看到，在西沙窝一带，有一条由东北向西南大约10千米左右的残留段。汉长城在今天的红水河东岸向北进入民勤境内，沿着石羊河的东岸继续向北，在三角城附近拐向西，然后再向西南，到今天的文一古城西边和明长城汇合，进入永昌境内。可是，今日的民勤境内还有那些雄伟的长城吗？

在奔赴连城的路上，在大坝乡文一村，我们见到了那段被人们称作是民勤境内唯一可以看出形状的长城。长城里面，是明汉两代农业开垦的地方；长城外面，是游牧民族生活的地方。但是经过这么多年之后，这些由夯土层垒筑起来的，有

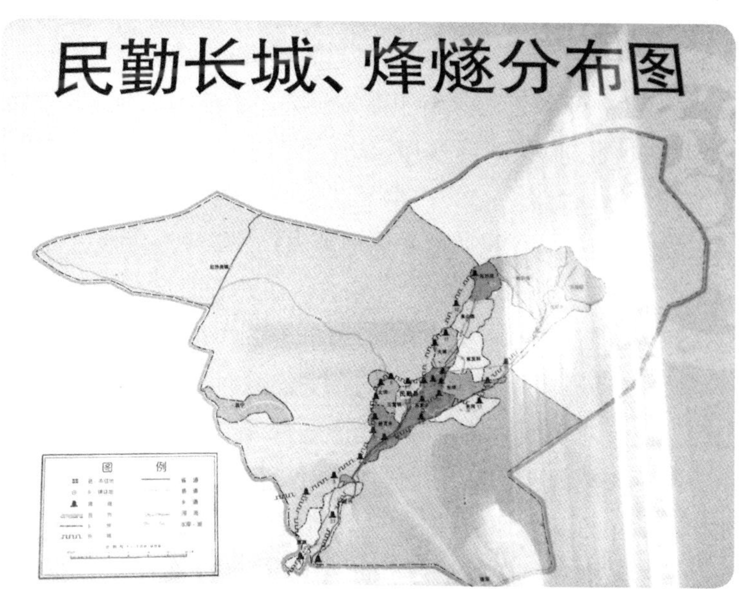

民勤长城分布示意图

黄昏中的民勤境内长城

好多地方都建了砖瓦窑，倒了很多垃圾，还有附近居民埋的坟墓。如果不是甘肃省人民政府竖起的两块文物保护单位石碑，这些被公路隔断，已经只剩下高不足数米、长不足5000米的鱼脊状的几段土丘状断墙残垣，绝不会让人和雄伟的万里长城联系在一起。

沧桑巨变，多少长城已永远地消失在沙尘中。

谁在侵蚀我们的长城？难道这些在肆虐的风沙中被包围与风化着的汉明长城，只有被风沙掩埋与逝去的命运？

站在长城脚下，地理专业出身的柴尔红给我们仿佛也是给自己进行着一场严肃认真的生态教育课。柴尔红说，民勤县在中原王朝兴盛的年代往往是国防前哨。也就是说，从今天的华北平原、黄土高原的东南部，一直到关中平原这一带，是中华文明的核心地带。从关中平原向西北方向走，经过金城兰州，然后经过乌鞘岭，进入河西走廊，从河西走廊进入西域新疆中亚，这是中原王朝向西北方向扩张的必经之地。它的西南边高耸着青藏高原、祁连山脉，它的东北方向又是茫茫的蒙古大沙漠，而中间呢，从祁连山流下来一条又一条的内流河，这些内流河形成了一个接一个的绿洲。汉长城从东边的辽东，沿着秦长城，经过金城关，然后沿着河西走廊，一直延伸到今天塔里木盆地、塔克拉玛干沙漠中。我们看到，在石羊河古绿洲的下游今天民勤绿洲的东北部，古代的古城、连城、三角城一带正是当时土壤最肥沃，水量充沛、开垦条件最适宜的一块地方，所以，民勤绿洲在古代它就是国防前沿。绿洲的内部，是中原王朝，是农牧民族；绿洲的外边，是强悍的少数民族。唐代在西域设置了安西都护府、北庭都护府，一直延伸到了今天中亚的好多地方，都属于唐帝国向西北方向延伸的部分，而地处河西走廊的民勤，正是在这个咽喉要地。在不稳定的年代，唐代跟青藏高原的吐蕃和蒙古高原的突厥之间经常发生战争，而唐代的民勤也是中原通向西域，遏制东北边蒙古高原的突厥和西南边青藏高原的吐蕃夹击唐王朝的国防前哨。到了明代，朱元璋建立了明朝，把元代的贵族赶到了蒙古高原，并在秦汉长城的基础上修筑了东起鸭绿江、西到嘉峪关的万里长城。而民勤，当时正对着蒙古高原的游牧民族，自然也是国防最前沿的阵地。到了清代，特别是康熙王朝与准噶尔的战争中，当时的民勤为了支援国家的统一大业，为清政府在准噶尔的战争中补充粮草、运输辎重起到了很大的作用。在这绵长的分析中，柴尔红显出一份自豪。自己的家乡在古代是一个国防前哨，而在今天呢，依然有着非常重要的生态屏障意义。对此，柴尔红依然流露出深深的忧虑。

柴尔红说，作为一个水资源枯竭的典型代表，大西河、民勤绿洲，在昭示着我们人类应该怎样处理人类与自然环境、人与自然资源的关系。作为一个民勤人，看到一座座废弃的城市，一条条废弃的河流古道，无边无际的沙漠、肆虐的风沙在日益侵蚀着自己的家园，觉得肩上的担子非常沉重，肩负的责任非常重大。在想到保卫自己家园的同时，也应想到整个国家整个人类在处理人与自然的关系、在处理人类的经济发展和资源节约、环境保护之间应该选择怎样的一条道路。

柴尔红告诉我们，在民勤绿洲，还有苏武牧羊的北海。它虽然不在大西河的流域，但这是一个与水、与民勤精神不能分割的命题。

苏武牧羊的北海到底在何处，学者们有各种各样的说法。著名的草原生态学家任继周先生经过多年的考察论证，认为苏武牧羊的北海就在今天武威市民勤县。因为在苏武的时代，

民勤苏武庙

民勤县红崖山水库以下的民勤盆地大多数地方都是烟波浩渺的水面。

沧桑巨变，如今的白亭海已经干涸为沙漠。站立在新建的苏武祠前，面对漫漫黄沙，遥想当年白亭海碧波浩渺，水草丰茂，苏武持节牧羊、思念家乡的情景。柴尔红说，他想起了晚唐诗人温庭筠写的一首诗：

苏武魂销汉使前，古祠高树两茫然。
云边雁断胡天月，陇上羊归塞草烟。
回日楼台非甲帐，去时冠剑是丁年。
茂陵不见封侯印，空向秋波哭逝川！

今天的民勤，不见了秋波，但见的是瀚海。哭逝川，我们能够找寻到什么呢？

梦醒青士湖

青土湖，是一个曾经的湖泊，是石羊河流域萎缩后的尾闾湖。

青土湖，是一片连绵的沙漠，是腾格里沙漠和巴丹吉林沙漠即将合拢的地方。

在“丝绸之路”河西中道和草原道之间，青土湖和她之前那4000乃至16000余平方千米丰腴而秀美的所在，使武威民勤和内蒙古阿拉善之间的人们依山傍湖，渔歌唱晚；商旅往来，逸情山水。因为青土湖，她们唇齿相依，相濡以沫。

九进青土湖，只为了一个涅槃的梦。

梦醒青土湖，这是一个巨大的生态见证、精神向度。

❶ 谷水难恋青土湖

正是2007年春季一场沙尘暴过后的清晨，风正紧，春寒料峭。我们从素有“民勤城，没北门”的北门出发，沿着时没时现的跃进渠，进入了一个承载着绿色荣光与厚重回忆的绿洲区——民勤湖区。这一日，我将第一次走进那个神秘的湖泊——青土湖。

20世纪末，中国和德国科学家在一次实地考察中，惊喜地发现在甘肃民勤北部的腾格里沙漠中，古代曾有一个面积达16000平方千米、最深处水深达60米的巨大淡水湖泊。

考察得知，从3500年前到7000年前，正是地球历史上第四纪大冰期结束后比较温暖的时期。祁连山上积累下来的众多冰川消融瓦解，顺坡而下，汇成滚滚洪流，浩浩荡荡，一泻千里，造就了一个波澜壮阔的大湖。

这个巨大的湖泊，就是历史上的青土湖。这股滚滚洪流，

湖区路上的骆驼车

就是石羊大河。三百多千米的水路上，石羊大河的水想的是青土湖，念的是青土湖，它要到达的地方就是青土湖。

大滩，泉山，红柳园，红沙梁，西渠，中渠，经过一个一个地名与湖、水相关的乡镇后，我们踏上了从民勤去阿拉善左旗的公路。

一瞬间内，映入我们眼帘的是漫无边际、白茫茫的荒野。朋友告诉我们，这就是青土湖，就是石羊大河的尾闾！

这是湖么？

《辞海》里说，湖是积水的大泊。而一眼望不到边的青土湖，以民左公路为界，一边是腾格里沙漠，一边是巴旦吉林沙漠。没有一点儿积水、到处泛着白碱的青土湖被红色的腾格里和青色的巴丹吉林围拢着，铁青着脸，发出永不间断的低吼。这分明是一个沙海，是一个盐土盆地。

2007年初见青土湖

青土湖，是河西走廊西北边陲上一方平凡的土地。她的荣耀属于遥远的古代，因为她和我们所熟知的汉武大帝、休屠王、汉使忠臣苏武等连在一起。古代的《尚书·禹贡》和《水经注》中有她的一席之地，宋人王应麟的《玉海》将她和中华民族的“母亲河”黄河相提并论，而文辞优美的郦道元也曾为她激情撰文。早在20世纪70年代前国家出版的行政版图上还能找到她的名字，后来，便从地图上消失了。

青土湖的命运，就是石羊河的命运，就是绿洲的命运，就是那一座座古城的命运。同样，也是人类的命运。

溯源历史，翻检史册，青土湖就是当年那个仅次于青海湖的潴野泽的后代。青土湖的前身，就是潴野泽。

大禹曾经在这里治水。

休屠王曾经在这里驻牧。

汉朝，潴野泽在大量的移民屯田中逐渐缩减，分为东海都野泽和西海休屠泽。

隋唐时期，随着武威绿洲的快速开发，西海演变为沼泽性草滩和湖滩荒地。水量较大的东海分为东西两个湖泊。

明代，随着上游来水的不断减少和当地地下水位的逐渐下降，周边的小湖泊日见干涸，沼泽地逐渐板结成泛白的盐壳，原来翠绿的植被改换成了以红柳、芦苇为主的干旱和半干旱性植被。也许正是由于植被换代的缘故，人们又叫它为柳林湖。

明朝永乐年间，柳林湖水干沙起，草死风生，风挟沙走，沙逼人退。直到清朝道光初年，《镇蕃县志》里记载，柳林湖唯一蓄水的湖泊青土湖已属放牧之地。

民国之际，昔日的泱泱大湖只剩一湾芦苇丛生的浅水，湖名又改成青土湖。有人考证，“青土”其实就是“休屠”的音转，也有人说是因为湖底泥土为青色，故名青土湖。

正是因为青土湖的滋润，民勤沿湖的东湖镇、收成乡、中渠乡、西渠乡和红沙梁等乡镇被人们亲切地称为“湖区”。

“谷水”之“谷”意义颇多，内涵丰富，令我浮想联翩。这“谷”，是因“姑臧”而得名，还是“山谷”之“谷”而得名。是因河流哺育了“五谷”而得名，还是暗含着“虚怀若谷”之德性而得名。因为谷水，从武威到民勤，成了国家商品粮重要的生产基地。凉州，也赢得了“河西粮仓”的美名。

在建设国家商品粮重要生产基地的征程上，民勤人民沉甸甸地前行着。1952年，民勤县举行抗旱誓师大会，开始打井抗旱，解决生产问题；1958年，民勤县建成了亚洲最大的人工沙漠水库红崖山水库；1959年，“一碧万顷，上下天光”的青土湖渗尽了最后一滴水……

湖泊死了，沙漠就是湖泊的坟墓。从蒙古高原上刮来的大风，卷着巴丹吉林沙漠和腾格里沙漠的漫天沙尘，铺天盖地向人们扑来，吞噬着曾经的绿洲。与此同时，石羊河流域内出现的熊爪湖、芨芨湖、西湖、东湖等一系列湖泊也悄悄消失……

潴野泽走了，白亭海走了，柳林湖走了，青土湖也慢慢湮没在记忆里；鱼儿走了，水鸟走了，胡杨走了，连一滴眼泪也没有留下……

干涸的青土湖不见了昔日的丰泽。站在青土湖湖底，谁能相信这里曾经是汪洋一片的巨大湖泊呢？

三千年前原隰底绩，三百年前水天一色，三十年前黄沙漫舞。梦醒青土湖，无水的青土湖会留给我们怎样的记忆呢？

青土湖上寒风劲吹，吹得这里异常的清静，静得让人窒息，让人不知所措；静得让人感到一切都是那样的虚无缥缈，就连我们能思考些什么都不知所云，不知所想。也许，这就是震撼的力量。没有了思想的灵魂，就让我们茫然地走近……

站在公路上，极眺青土湖，满眼都是一个一个的沙丘。在毫无些许春意的季节里，一个个沙丘不能不让人联想到荒野之外的坟包。它们的头上顶着一团团的沙草，又像垂暮的老人佝着腰站立在风中，或者斜着身子坐在荒野上，而头顶上是被漠风吹得乱蓬蓬的苍发。从公路走下来，到青土湖的腹地去，到处可见指甲大小的贝壳，白茫茫的一片，碎裂在沙丘上。面对这曾经被人们想象为“似在叙说湖光山色、渔舟唱晚的诗情画意”的贝壳，我们不能不相信，这里确实曾经是一片水鱼丰泽的湖泊。我们不能欺骗自己的眼睛，能够证实这里曾是“水乡泽国”的还有那枯死裸露的芦苇根、白色的淤泥和风蚀过的河床……

走在风声清冽而静得死寂的青土湖上，我们每走一步都能听到脚下发出的细而碎的声音。那声音非常真切、非常亲切而非常急切。也许这是岁月沉淀的一种历史的信息，一种自然的呼唤。这种声音，也许是休屠王战马的嘶鸣，也许是汉武将士的呐喊，也许是中原移民的思乡曲，也许是丝路商旅的惊叹，也许是文人墨客咏颂的《凉州词》，也许是昨天刚刚走过这里的人们丢下的一声叹息……

有人说，这样的声音爷爷听过，父辈听过。今天，我们也听到了。只是，同样的声音却吹落在不同的土地上。

那么，昨天的青土湖是怎样的一派风光，又是什么原因让她改变了原来的模样呢？

在青土湖，我们看到了在沙丘边缘艰难生存着的农田，看到了宛如遗迹城堡的村舍，还有大量废弃的民房。民勤县西渠镇煌辉村紧靠着青土湖，这里的大部分村民都已搬了出去，寂静的村舍里残墙断壁，枯树昏鸦。在这个村子上，那位屡见于媒体的盛汤国一直梦想着守望青土湖。我们到他家的时候，盛汤国正好出去做活，他的妻子在悠闲地收拾着家务。

再次走进青土湖时，盛汤国一家已经搬走了。院门紧锁着，那幢像样的房子静静地坐落在公路旁，迎来送往着这里的过客和车辆。主人走了，院后的野草、树木和野花依旧将开，而院落里的平台上、墙角里到处都留下了黄沙来过的踪迹。盛汤国兄弟四个，他们的父亲给他们分别取名尧、舜、禹、汤，这是一个多么美好的创意。因为他们的父亲听说过，大禹治水曾经走过这里。

韩桂兰老人在青土湖旁生活了九十多年。就在十年前，她的老伴辞世后，她才离开那间“沙上房，羊上墙”的老屋，来到了靠近西渠镇的公路旁，安下了新家。在她断断续续的、含混不清的叙述中，我们知道了昔日的青土湖很美，有好多的水，可惜在她的有生之年里变了模样。后来，老人走了，我还写下了《青土湖畔的小脚老太》的纪念文章。

从老人们对自己认知世界的回忆中,从老人们对他们的老人讲述过的故事的追忆里,我们领略到了昨天青土湖的魅力。早些的时候,青土湖里有婆娑的胡杨,摇曳的红柳,还有点点的水泊,确实是一块水草丰美的风水宝地;再早些时候,这里阡陌纵横,沟渠相连,是一个天然的大粮仓;再早些的时候,这里碧波荡漾,芦苇丛生,水鸟争鸣,鱼虾栖息,羊马成群,骆峰倒影。爷爷的父辈们曾经乘着木筏子,到湖心去摸鸭蛋,回来吃鸭蛋。遇到饥荒年,他们还可以下湖捕鱼,维生糊口……

有人说,每当风清月明之夜,青土湖方圆几里都能听到悠扬悦耳的笙歌管弦。还有人说,早年有一头金水牛潜伏在青土湖中。每逢天旱之年,金水牛便钻出水面,向四面八方喷洒雨露,那时便喜雨不断,庄稼丰收。后来,金水牛被外夷偷去了,于是青土湖便一年年干涸了。还有传说,因为当年驻牧青土湖的休屠王的部将们在与浑邪王的战争中为了不做俘臣,集体投湖自尽。从那以后,每天晚上的青土湖里就隐隐约约传出"失我……""失我……"的凄凉之音。后来有学问的人经过此地,猜到了歌的内容,原来传唱的就是那首有名的匈奴民歌:失我祁连山,使我六畜不蕃息;失我焉支山,令我妇女失颜色……

沧海变桑田。短短几十年时间里,曾经孕育了"沙井文化"和农牧文明的青土湖,曾经滋养着田里的麦子、瓜果和人们的生活,给人类以生存和梦想的青土湖变了人间。20世纪50年代,当青土湖的最后一滴水蒸发殆尽的时候,青土湖彻底干涸了,被风沙埋葬了……

回忆是原生态的碎片,历史是原始档案的记载。真实的回忆和历史的记载叠合起来,我们看到:青土湖一步一步地由一个“风光无限好”的湖泊,成为“人类历史上消失最快”的湖泊。

干涸的青土湖不见了昔日的丰泽。站在青土湖湖底,谁能相信这里曾经是汪洋一片的巨大湖泊呢?一位民勤的文化人说:如果青土湖会说话,他会告诉你:在记忆里打捞一枚贝壳,是我仅剩的一点温馨了!

❷ 青土湖畔春风舞

“青土湖是一把盐,是一块糖。把青土湖的梦照进自己的梦里,生活就会多姿多彩起来,有滋有味起来。”在名为纪念青土湖畔的小脚老太、实为追记青土湖百年沧桑的文章里,我这样写道。

老人说,湖是我们的圣物。有了湖,啥都会美起来,好起来……

自从相遇青土湖,青土湖同样变成了我心中的圣物。如果不见的时间久了,心里就莫名的焦灼,莫名的干渴。我知道,我的心已经和那片坟墓般的土地紧紧连在了一起。石羊河流域重点治理以来,青土湖成了我谷水记事中最魂牵梦萦的一个地方。九年时间里,我九进青土湖,就是为了记住她粲然一笑的那一刹那。

生态,是一个沉重的话题。生存,也永远是一个沉甸甸的话题。在日夜思念着碧水丰盈的青土湖的岁月里,民勤人从梦魇里醒来,默默地走上了防风治水、保护绿洲的第一线。青土湖泊哺育过的民勤人民带着生存和生态的使命,以坚定的步伐走向青土湖。年复一年春草绿,青土湖畔春风舞。在昔日沉寂的青土湖旁,裹着头巾植树固沙的女人和风尘仆仆的

2009年的青土湖

男人们坚持不懈地治沙造林。“五百个人站在一起，就是一尊千手观音。”多年来，30万民勤人民乃至更多的有志之士都加入“治沙大军”的行列，以实际行动呼唤着曾经美丽的青土湖的回归。经过几年的努力，硬是在民勤400余千米的风沙线上，建成了340余千米的防风治沙林带，有效治理大风沙口190余个，一个外镶边和林网比较健全的防风体系已经初步建成。今天，这里一个个村庄已被整体迁移，一片片耕地已还林还草，放牧大户变成了治沙大户，关井压田已经得到农户的理解和支持，处处建起日光温室，高效节水农业已开花结果。

青土湖，是阻隔两大沙漠合拢的“桥头堡”，更是石羊河流域变迁的见证者。2010年，石羊河流域重点治理近期目标基本实现，蔡旗断面过水量达到2.61亿立方米。为了有效改善青土湖区域生态环境，促使该区植被尽快恢复，红崖山水库向青土湖下泄生态水，在青土湖人工形成水域。

那一年的初冬时节，当我们即将结束对景电二期工程的专访时，意外得知干涸了半个世纪的青土湖里已经有了3平方千米的生态水域后，我们再一次迫不及待地冲向了青土湖。

在驶入青土湖的那一刻，在看到青土湖水天一色的那一刹那，我们都惊呆了——这是青土湖么？看到水波荡漾、水鸟争鸣的青土湖，我们不能不想起初见青土湖时的那种震撼。同样，我们也在发问——这是青土湖么？

站在公路上，极目东眺青土湖，满眼都碧蓝碧蓝的湖水。湖水在阳光的照射下，荡漾出层层涟漪。一个个沙丘没入水中，偶尔有一些沙草露出水面，好奇地探望着外面的世界；偶尔还有一些水鸟飞来，认识着这个新家。

沙草们感叹，有水真好！水鸟们感叹，有水真好！我们更

2010年，青土湖复活了

是感叹，有水真好！

当地的村民何承祥兴奋地告诉我们，他今年63岁了，从小就在这里长大。他们小的时候，青土湖里水多，芦苇长得非常高，有鸭子，还和伙伴们一起掏着吃鸭蛋。从1958年到1960年以后，青土湖里逐渐没有水啦，芦苇也死啦，白刺也死了，一片荒凉，风沙也大。现在青土湖里有了水啦，他们感到非常高兴。水放下来以后，也看到有鸟儿了，鸭子也来了。希望每年在青土湖里放水，恢复原来的样子就太好了！

《石羊河流域重点治理规划》提出，通过地下水位的回升，2020年在青土湖形成70平方千米的湿地。但是地下水位的回升是一个非常缓慢的过程。武威市提出通过给青土湖注入生态水，上下结合，使地表水位和地下水位接通，从而形成湿地，形成生态安全屏障。

2011年11月，当我陪同《人民日报》、新华社、《经济日报》、《光明日报》、《甘肃日报》等十多家中央省级媒体记者组成的石羊河流域重点治理成果采访团走进青土湖时，这里已经形成了10平方千米的人工季节性水面。初冬的青土湖在阳光的照射下碧波荡漾。芦苇丛生的清澈的湖水，向来往的人们奏响着一曲沁人心脾的节水之歌。

民勤县还把青土湖作为全县生态治理的主战场，集中打造“重点治理、防沙治沙、生态修复”三位一体的示范区，努力使青土湖生态植被得到有效恢复，地下水位缓慢上升。

之后的几年时间里，我和青土湖的美丽相约从未中断。即便没有顺道的探望，我也会在百忙之中专程前去看看魂牵梦萦的青土湖。可惜的是，匆匆的行程中，走进青土湖的时节总是一拖再拖，总是推到了秋季。看不到绿色的芦苇，绿色的青土湖，但是，从秋季一派金黄色的芦苇丛和那深蓝色的湖水

2011年的青土湖

我们的身后,是青土湖治沙示范区

里，我会想象到夏季的湖，我会读懂青土湖的春夏秋冬。

回顾昨天的青土湖，她见证了民勤从“可耕可渔”的“塞上奥区”到“十地九沙”的“一叶扁舟”这一历史的沧桑巨变。大河流过民勤，天马故里喜洋洋，石羊河畔乐陶陶。从蔡旗断面到红崖山水库，石羊河水穿过400多千米的风沙线，流到了青土湖。他们，共同见证着武威人民“寻水”“节水”“兴水”的文明历程。

2015年，青土湖的人工水域面积已经达到22平方千米，湿地面积达到106平方千米。复活了的青土湖已成为大漠深处的一道靓丽风景，滋润着民勤，滋润着大河儿女的心田。可是，在日日夜夜的思念中，我总是有一些深深的担忧和顾虑。昔日，是谁切断了流向青土湖的水？今天，是谁把应该属于生态的水送向了青土湖？青土湖水升水降的命运，究竟由谁来主宰？

2015年的青土湖

一湖碧波一湖苇

❸ 玉帛路上青玉湖

2014年，中国社会科学院比较文学研究中心主任、中国文学人类学研究会会长叶舒宪和“玉帛之路暨齐家文化”考察团的成员一同走进了武威，来到了民勤。后来，叶老写下了《登三角城　悼青玉湖》的文章。这篇文章，使我对青土湖有了新角度、新标高的认识。

叶老说，民勤三角城，是本次考察计划中的第一个考察遗址。三角城所在民勤县也是本人第一次到访。甘肃之大，县市之多，要想跑完多数的县区，实属不易。不过凡是中文和历史专业的毕业生，对苏武牧羊的历史故事都不会陌生。民勤县境内比苏武更早的文化遗迹是沙井文化，属于齐家文化之后一个地域范围较小的史前文化，其位置大致在河西走廊的东段。

2014年7月14日上午，晴空万里。考察团从民勤县城出发，向东北方的红沙梁乡进发，考察三角城遗址。沙井文化北面是内蒙古的阿拉善大沙漠，西面是占据河西走廊中段和西段的四坝文化，南面是河湟地区的卡约文化和辛店文化，东面是陇中和陇东一带的寺洼文化。从面积看，沙井文化最小，大约只相当于上述四个青铜时代西北地方文化的一半大小。叶舒宪认为，这与生态形势严峻、生存挑战严酷是否有关。这样显得十分局促的地方文化，凭什么在北方匈奴人崛起之前的河西走廊东端自立为王，割据一方呢？叶舒宪感到百思不得其解。

三角城是沙井文化和汉代文化留下的一个城址。站在三角城遗址的高台上，叶舒宪一直在思考，沙井文化的先民大概也属于西北地区的氐羌族群或印欧人群，他们为何选择这样一个荒凉的地方，修建城池呢？对照同样荒凉的瓜州境内戈壁和沙漠中的诸多古城池，或许能够明白，西风古道，也许正是由于守护交通与贸易路线的需要，才会有这样的土木工程吧。

面对这座沙乡城市的变迁，叶舒宪看到，如果把民勤地形图视为河西走廊东段上方插入腾格里沙漠的一棵大枣，那么两条平行修筑的汉长城就如同大枣的枣核。那么，汉代统治者为什么又要把民勤当地的长城修筑成一个狭长的夹道呢？莫非这里是河西走廊伸向东北方的一条商贸通道？

考察结束后，叶舒宪进行了大量的查阅了解。后来，他看到了学者陈守忠发表在《西北师范学院学报》上的一篇考察报告《北宋通西域的四条道路的探索》。陈守忠在文中写到，“经我们调查民勤绿洲时所得，是可以清楚的。出贺兰山口后不是向西行或向西南行，而是折向西北，……经现在的锡林郭勒、和屯盐池至四度井，转向西南，到达今甘肃民勤县的五托井。……由五托井再向南行百余里，即达白亭海和白亭河（现在的石羊河），即民勤绿洲地区。新中国成立前以至于现在，民勤人跑生意走阿拉善左旗，远至银川，仍走这条路。从地图上看，是向北绕了一个大弯子，实地上这是出贺兰山越腾格里沙漠最好的一条路。渡白亭海以达凉州，即与传统的河西道合。”

这里提到的白亭海，又称白海，20世纪50年代末期从大地上消失。白亭海是唐代的名称，其在汉代古书上的名称叫“潴野泽”或“休屠泽”。这个“泽”是民勤地方最有名的大湖。秦汉时期，因为匈奴部落的一大势力休屠部驻扎于此，故得名“休屠泽”。如果要从历史沿革意义上找寻沙井文化消亡的原因，恐怕和匈奴的武力摧残不无关系。

叶老说，对照起来看，就沙井文化和三角城遗址的地理位置意义，有了一点点新的体会。那就是说，民勤县内曾经有一条通往宁夏和内蒙古锡林郭勒的古老道路，那里或许是古代“玉石之路”的一条岔道或支路。原因很简单，一旦有能走的路线，后代人便还会遵循前代人的习惯走法。

对此，叶老继续进行着关注。他从1950年版的中国地图里看到，发源于祁连雪山的石羊河系，其尾端分布着两个大湖，青玉湖和白亭海。大约半个世纪前，白亭海逐渐萎缩，最终消失在地平线上。青玉湖，则变成了青土湖。该湖泊在明清时期湖水面积还有400平方千米；20世纪后期以来缩小到100平方千米，后来已是湖底朝天、完全干涸、黄沙滚滚。他又在《太平寰宇记》中看到，原来的姑臧县白亭海因水色洁白而得名，这或许能说明唐代人对这个沙漠中的白色湖泊的命名原因。大唐王朝看中这里交通要道的地位，在此设置了“白亭军”守护驿道。昔日的白亭海，想必一定是一个风景宜人、水草丰美的地方，往来的车马行旅和骆驼商队能够在此停留休息并补充水草。

叶老反复感叹道，青玉湖啊青玉湖，多么美妙动听的名字，莫非是由于当年西玉东输的和田青玉而得名？如今居然人间蒸发，化为乌有，其地已成为茫茫沙海。直到近两年，地方上保护生态和引水蓄水的努力，才使得湖水重新出现。

后来，他又从《旧五代史·康福传》中记录的一个历史事件中再次得到了印证。康福传中记载，康福在后唐明宗年间官职为朔方河西节度使，他亲眼目睹一次突袭吐蕃运输队的缴获情况。"……因令将军牛知柔领兵送赴镇。行次青岗峡，会大雪，令人登山望之，见川下烟火，吐蕃数千帐在焉，寇不之觉，因分军三道以掩之。蕃众大骇，弃帐幕而走，杀之殆尽，获玉璞、牛马甚多。"这里记录的吐蕃运输队规模庞大，居然有"数千帐"蔓延这样壮观的景致。运输队被缴获的大批战利品物资也叙述得清清楚楚，是玉璞和羊、马三种。究竟有多少玉璞，没有细节上的数量说明，只知道"甚多"。吐蕃运输队扎营的地点是"青冈峡"，这是甘肃环县通往宁夏灵州（吴忠）的一个峡谷。

叶舒宪认为，从灵州过黄河，再穿越腾格里沙漠，即可抵达民勤北端的白亭海，沿着石羊河便可南下凉州（武威）。汉代以来至隋唐五代，"玉石之路"上的繁忙与纷乱就是如此。从氐羌人到月氏人和乌孙人，再到回鹘人、吐蕃人、突厥人、粟特人，不知有多少边地民族为中原人崇拜和田玉的文化情结所驱使，喧闹，奔波，赢利，遭遇天灾人祸，甚至死于非命。其中甘苦，张舜民的《西征回途中》可见一斑。

青冈峡里韦州路，
十去从军九不回。
白骨似沙沙似雪，
将军休上望乡台。

青土湖——青玉湖,这里还是武威经民勤到宁夏吴忠和固原一线的"丝绸之路""灵州道"所经过的一个重要湖泊。这条道路上,应该曾经输送过大量的西域玉石资源到达中原。

而之后沿着河西堡至雅布赖的公路前行,不论是经过昔日的昌宁湖、花儿园,还是走向雅布赖盐池,在我们的眼前,一直浮现着的,总是那不离不弃的青土湖、潴野泽。她们,活跃在"丝绸之路"北道和河西道中间的舞台上,变幻着生,变幻着死,变幻着时空。

长河奔向青土湖,长河奔向大漠。在长河的绿肥黄瘦中,青土湖和以青土湖为代号的潴野大泽与浩瀚的大漠,只是在一片不曾移动的土地上变换了一种生存的形态。

当然,悠悠古道上,变换了的,还有生产方式和生活方式的革命性变革。它们,共同构成了绿洲与荒漠不同的人文内涵。

梦醒青土湖,昭示着一个全新的生态文明的降生。

取道红寺湖

红寺湖不在河雅公路上。红寺湖位于国道307线原省道317线上。

从武威或金昌往返于阿拉善右旗或雅布赖，可以不通过红寺湖。沿着河雅公路，经过民勤红沙岗，在一个被人们广泛关注着的69千米处的那个三岔路口，便可以实现三地之间的交流往来。

《国道307线（原省道317线）雅布赖至山丹（蒙甘界）段公路改扩建项目环境报告书》指出，国道307线（原省道317线）雅布赖至山丹（蒙甘界）段公路，起点位于雅布赖西侧30千米处，与原317省道孟根至雅布赖段公路终点相接，经阿拉善右旗巴丹吉林镇，终于山丹（蒙甘界）。这是国家干线公路网的重要组成部分，是甘肃、新疆通往内蒙古地区的最短路段，做为重要通道，地理位置非常重要。该项目的建设，对完善国家路网结构具有重要意义。

联系到甘包古道的存在，在冯玉雷兄的一再建议下，在阿右旗与“2015年草原丝绸之路”考察团的队友们分手后，我与原甘肃省广电局副局长、高级记者、甘肃省政府文艺终身成就奖获得者刘炘先生一道，沿着省道317线，绕道前往山丹县红寺湖。其实，这样的行走不能称之为绕道，这里同样是“丝绸之路”河西走廊中道与“丝绸之路”北道连接的一条主干道。

时至今日，穿越无垠戈壁，穿越茫茫草原，奔流不息于这条道上的大型货运车辆依然显示着昔日古道的重要和繁华。

金张掖，银武威。大汉天子彰其包容天下、一统四海之武功军威的这两座古郡，同处河西走廊的咽喉地带。几千年来，祁连雪水融汇形成的黑河、石羊河，纵横阡陌，泽被广袤。依着这一条条河流的导引，前仆后继的人们踏出了一条条走向远方的大道。甘凉古道、甘漠古道、甘青古道乃至唐宋时期的

省道沿线的戈壁

甘包道上的骆驼

甘包驼道，和着嗒嗒的马蹄声、悠悠的驼铃声，从这里出发，或在这里交集。

横空出世的冷龙岭是青海与甘肃的交界地，是甘青大道上重要的一个标志，也是丝绸之路南道与河西道连通的重要节点。从武威出发，通过民勤至仙米寺的民仙、武九公路，可进入张掖肃南裕固族自治县的皇城滩，通过铧尖藏族乡，便可到达冷龙岭，进入青海门源地界。每年春秋时节，武威人沿着这条道进山，来到冷龙岭探雪，已经成为一项神圣而近乎宗教的虔诚行为。因为他们知道，他们的生命与繁荣，和这样的大山、这样的河流息息相关。

位于张掖民乐的扁都口道，是历史上汉、羌、匈奴、突厥、吐蕃等民族联系河西走廊与青藏高原的大通道，原名大斗拔谷、达斗拔谷、大斗谷，为汉唐以来"丝绸之路"羌中道进入河西的重要干线，亦属于南北朝以来"丝绸之路"青海道进入河西中道的一条支道。其走向与今国道 227 线略同，新修的兰新高铁也从附近通过。这条联通张掖与西宁的古道，因从扁都口穿过，又叫扁都口道。沿着童子坝河，经扁都口古道，南可抵湟水谷地，北出山口，东通凉州，西通甘州。霍去病第一次远征匈奴，东晋法显西行求法，张骞首次出使西域，隋炀帝西巡东还，走的都是这条道。唐时吐谷浑、吐蕃出入河西多取此道。穿越扁都口，不时与大斗拔谷道、羌中道、唐蕃古道重合。

冯玉雷在《玉彩帛华》中写道，帕米尔高原、昆仑山、阿尔金山、祁连山从西向东一直伸展到秦岭，成为华夏大地的主要脊梁，这道伟大山系之南、之北，是养育华夏民族的血肉。祁连山脉、西秦岭、小积石山、达坂山、拉脊山等在甘肃、青海交界地带汇聚，大夏河、洮河、湟水、大通河、庄浪河等黄河上游几条大支流在这一带汇聚黄河，秦陇南道、羌中道（吐谷浑道)、唐蕃古道、大斗拔谷道、洪池岭道都在此相聚。这些古道，连接着甘青大地，更沟通了丝绸之路南道和中道。而这些道路不但彼此交通，还衍生出很多路网，源源不断地输送物质与文化。

但使龙城飞将在，不叫胡马度阴山。史书上记载，从居延向北越过浚稽山直达龙城的古道叫做“龙城故道”，又因为它自甘州直入沙漠而被称为“甘漠道”。这条依托于黑河流域的交通线，是蒙古高原游牧民族往来于河西的大通道。自然，这是一条连通“丝绸之路”河西中道与草原北道的重要通道。西汉时骠骑将军霍去病先后两次出征河西，打响河西战役，第一次涉过狐奴水(今石羊河)、过焉支山而大功告成。第二次绕道居延，通过这条古道进入了河西。匈奴退出河西走廊后，汉朝在居延设居延塞，并沿黑河两岸建造遮虏障以卫护龙城故道。今天，古道沿线还存有汉代肩水金关等遗址。史料记载，汉将李陵出居延塞北攻匈奴、唐将刘敬同北征铁勒、蒙古灭西夏破黑城攻占河西，宋国公冯胜平定河西攻取北元重地亦集乃，走的都是龙城故道。

唐宋时期，有一条由河西走廊通往内蒙古河套的交通干道，起于甘州，东北行越龙首山西部人宗山口，经平山湖，到达阿拉善右旗，中间穿越巴丹吉林沙漠和乌兰布和沙漠，最后到达包头。自北宋以后，这条道成为河套通往河西走廊的驼运干线。史称甘包道。人宗口位于人宗谷南端，人宗谷是人祖山的一条断裂带。人祖山又称“合黎山”，据说是古华胥国之所在。人祖口既是军事要隘，为兵家必争之地，又是“丝绸之路”北线之附线张包驼道隘口。嘉靖二十七年，巡抚都御史杨博在人祖山口内建山南关，成为古代河西走廊通往蒙古的要隘。晋代学者郭禹、郭荷曾在此道所经的红泉堡东山寺隐居。

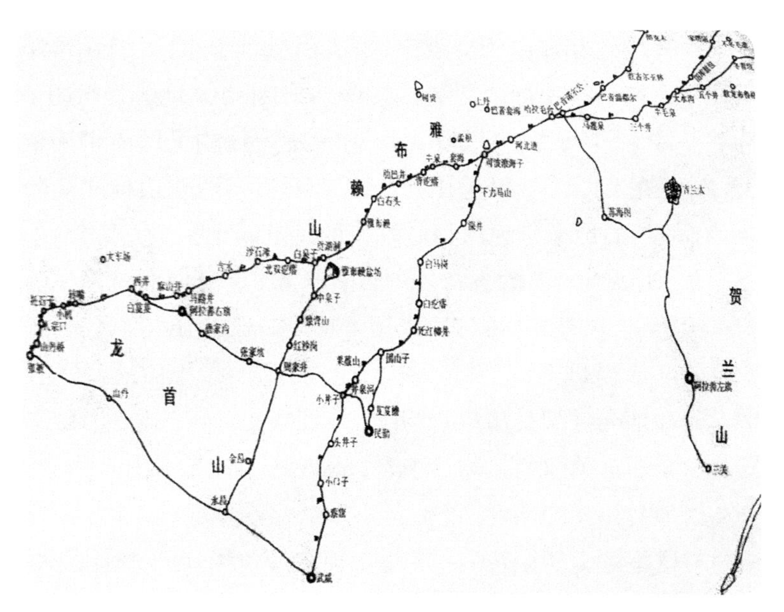

雅布赖至河西中道的示意图

从内蒙古阿拉善右旗出发，向着河西走廊张掖的方向行进。西北方向的合黎山群峦起伏，苍茫古朴。据资料记载，通过横亘于甘蒙之间的合黎山走向北部的山口共有五处，只有人宗口最为宽敞，能通车马。明朝以来历代政府都在此遍置烽燧，设置布政使、稽查使，向过往商户收取赋税，管理祭礼，负责稽查偷运内蒙古雅布赖盐场食盐的行为。今天，新修的张掖通往内蒙古阿拉善右旗的公路从谷中穿过。

甘漠古道也好，甘包古道也好，都是连接“丝绸之路”河西中道与草原“丝绸之路”的主干线。在岁月的河床里，这些古道又分解衍生出更多的古道序列。它们以纵横交错的形态编织起了立体的、多维的“丝绸之路”。从内蒙古阿拉善右旗出发，沿着省道317线，向着张掖山丹的方向行进。东北方向的龙首山高大险峻，沟壑纵横。红寺湖，就在不远的前方等着我们。

山丹境内祁连山耸立于南，焉支山雄踞于东，龙首山屏障于北。全境自东南而西北缓斜坡降，北部红寺湖地区为封闭型沟谷平原。峰回路转处，原来眼前一望无垠的戈壁滩悄然消失，车辆在“S”形变换的山道上盘旋而行。两侧山体峻峭险要，红黄色的山土呈现出丹霞地貌的特征，而路道呈现出“一夫当关，万夫莫开”的态势。刘炘老师告诉我，前面就是红寺湖。抬眼见，当地文广部门的同仁们已经早早在此等候。

走过华夏热土上的每一寸土地，我越来越相信最诗意的文学就在地名。那是历史的积淀，是群众的首创。红寺湖，这又是一个非常美丽的名称。阳光，清凉，纯洁，富有内秀的美。问及当地文化界的朋友，他们也不知道这个地名的来历。红，大约与这里的土质山色有关。也许因为靠近巴丹吉林沙漠的缘故，风把这里红黄相间的山体尽情雕饰，远观有味，近看有

红寺湖的山路

红寺湖风景

神，奇峰罗列，沟壑分明，棱角间展露着粗犷的力道，粗犷而不粗陋，是一种内在的沉着与坚毅。既然名称中有寺的字眼，这里的大山深处应该是有一座寺庙什么的，但是当地的文化工作者还没有考证发现过。

湖倒是有的，在大西部高远而云彩飘飘的天空下，那一汪湖水让人充分领略了湖蓝是一种怎样的蓝。那种蓝，重口味，高密度，纯基色，没有一点儿凌乱和不和谐。即将废弃的村落静静地卧着，村头的老树绿意盎然，周围的芦苇滩里积着浅浅的溪水，映着芦苇年轻向上的生机。绿树、蓝湖、红色的山，构成了一幅静美的山村风景图。

毋庸置疑，红寺湖和大宗口一样，它们都是连接“丝绸之路”中道与北道的重要的隘口。通过这里，来自新疆、西域和

红寺湖的湖

红寺湖石长城

甘、青等地的布匹、棉花、铁器、羊绒、良马、农作物源源不断地运向北京、呼和浩特，而来自内蒙古的药材、食盐、驼毛等物资源源不断地走向西部乃至祖国各地。

能够证明红寺湖魅力或重要位置的，不单在此。这里还有河西地区少见的、保存比较完好的石长城。

走进河西走廊，长城是一个绕不开的话题，更是一个重要的标志符号。尤其在山丹，说长城更有着与众不同的意义。山丹长城作为中国著名世界文化遗址之一的古长城遗址重要保存段，保存最完好，被专家誉为“露天博物馆”，在国内外长城学术界具有很高的知名度。2006年，汉明长城被国务院整体公布为国家级重点文物保护单位。世界遗产委员会评价：山丹长城在文化艺术上的价值，足以与其在历史和战略上的重要性相媲美。

山丹境内的长城，一为汉长城，建于西汉元鼎六年（公元前111年），距今2000多年。全长98.5千米，呈东西走向，全线以壕沟代墙，虽年代久远，仍清晰可见；二为明长城，建于明隆庆六年（1572），距今400余年。东接永昌县水泉子乡，西至龙首山脉的烟洞沟，现存明长城墙体全长近90千米。明长城筑墙为障，沿途有墩、台、关、堡等防御设施80余座。汉明长城走向、长度大致相同，汉长城在北侧，明长城在其里，两者相距在10～80米之间，平行延伸。像这样不同历史年代修筑而同时并行，并至今留存较为完整的长城段在国内绝无仅有。

“因地形，用险制塞。”是修筑长城的一条重要经验和原则。凡是修筑关城隘口都是选择在两山峡谷之间，或是河流转折之处，或是平川往来必经之地。这样既能控制险要，又可节约人力和材料。有的长城利用悬崖陡壁只需进行简单的劈削处理，有的完全利用危崖绝壁、江河湖泊作为天然屏障，可谓巧夺天工。墙的结构内容根据当地的气候条件而定，坚持“就地取材、因材施用”的原则。主要有版筑夯土墙、土坯垒砌墙、青砖砌墙、石砌墙、砖石混合砌筑、条石和泥土连接砖，在沙漠中还有利用红柳枝条、芦苇与砂粒层层铺筑的结构。红寺湖的这一段长城，集中体现了长城修筑的这两大原则：用险制塞、因材施用。站在红寺湖山梁的制高点，可以清晰地看到以红寺湖为中心东西通道的险峻。建设者们精心观察，巧妙地利用两侧山峰作为天然屏障，而对有可能失守的地段通过修筑长城的办法进行加固设防，从而有机地形成了一道坚固的防务线。而这些长城的材质，纯粹就地取材，利用身边丰富的大石块进行砌筑。石与石之间加固处理。

时值正午时分，山顶滚动着的日头射出强烈的光芒。翻越在红寺湖的山峰山谷之间，思维总是在不经意之间错乱了时空。远处，山头上巨大的烽火台默默兀立，千百年来忠诚地陪伴着这车辚辚、马萧萧的古道，看惯了刀枪耀眼，品味过腥风血雨，领略过旌旗蔽日，终究守望着祥和富足。身旁，巍峨的山峰和低矮的石长城不甚协调地坐落在一起，看不出长城的雄壮；短短数百米完整的长城，在聚集的光圈里勾画不出她伟岸的身姿。长城脚下，废弃的甘包古道在大山里刻下深深的年轮。阳光掠过，碾压出千年的沧桑。微远处，现代公路在高高的山腰里穿越而过，显示着一种速度和力量。但是，那长城，那古道真实地存在过，而且在那些特定的历史时代里发挥了巨大的作用。它们送去的是繁荣和幸福，留下的是和平和安宁。

红寺湖古道

河西的才子诗人李益曾登长城而叹曰：汉家今上郡，秦塞古长城。有日云长惨，无风沙自惊。当今圣天子，不战四夷平。嘉靖年间，兵部左侍郎王遴走过河西长城时，也曾经和诗一首。诗中说，气逼昆仑镇朔漠，功澄河海戴皇恩。寻盟望断崆峒险，一片心长在蓟门。

泰戈尔说，因残破而展示了生命的力量，因蜿蜒而影射着古老国度。这是说给中国长城的吧。

鹰翔雅布赖

上苍眷恋着每一方土地。

走进辽阔的内蒙古，既有定格在乐府诗里那“天苍苍，野茫茫，风吹草低见牛羊”的千古牧场风光，也有黄沙遍野、地广人稀的荒漠戈壁美景。地处蒙古高原的阿拉善，便属于这样的类型。在她的怀抱里，横亘着著名的巴丹吉林沙漠、腾格里沙漠和乌兰布和沙漠。沙漠之间，是荒漠草原和茫茫戈壁。即便如此，阿拉善依然不失富有和尊贵。一粒盐、一块煤，就点燃了生命的希望。

要考察和了解“丝绸之路”草原古道，雅布赖是一个不能不去的地方。催生道路的动力很多，但不可或缺的池盐，是催生“盐道”“驼道”并进而带动其他贸易往来和产业发展最重要的一个因子。

而一个产盐的地方拥有一个如此曼妙的名字，这给“雅布赖”更增添了一份如盐的味道。实用而充满诱惑，耐品而津津有味。

❶ 无数驼铃遥过碛

凉州六月天，西北风进入了休眠的时节，烈日尚未启动疯狂的模式，正是河西一年里最温和的季节。告别劳形的案牍，别凉州，过永昌，沿着河雅公路，前往雅布赖。

雅布赖，是一座山名。当地人认为是由藏语“雅布日”演变而来，意思是“恩山、父子山”。而蒙语的意思是“走”。传说有一位黑将军战败后逃至此山，保住了性命。将军临别时称之为雅布日山，愿此山成为众山之父。传说也罢，音译也罢，雅布赖的名称注定了一种缘分和宿命。对于芸芸众生而言，没

沿着河雅公路前往雅布赖

有了玉，可以生存；没有了丝绸，可以生存。百姓开门七件事，柴米油盐酱醋茶。没有人能离开了盐而得以生存。单从这样的对比来看，雅布赖不能不说是有恩之山。而要将这样的物质送往千家万户，走是唯一的状态。而这样的行走，异常艰辛。

早就耳闻阿拉善的物产，尤以盐、煤为最，实为西北著名产盐区。资料上记载，仅以盐池而言，阿拉善境内就有大小盐池20余个。大小诸池中，开掘最早、储量最丰者要数吉兰太盐池、雅布赖盐池、查汗布鲁克盐池及和屯池盐池。一项勘测数据显示，如以新中国成立前每年开采量计算，四池所储之盐可供采捞6000年。当地人认为，盐池现捞现生，现刮现生，是上苍赐给他们取之不尽、用之不竭的天然宝库。

雅布赖盐池采捞食盐的历史始于汉代。关于雅布赖盐池，早在汉史中就有记载。那时起，北国的盐池已制定有盐政盐法。《汉书·赵充国传》中记载，“疑匈奴更遣使羌中，道从沙阴地，出盐泽，过长坑，入穷水塞，南抵属国，与先零相直”。“又武威县、张掖日勒皆当北塞，有通谷水草。臣恐匈奴与羌有谋，且欲大入，幸能要杜张掖、酒泉以绝西域，其郡兵尤不可发。”这两段见之于不同片段中的记载，点明了雅布赖盐池的所在。这里的沙阴地，说的就是流沙，指今之腾格里大沙漠的西侧；盐泽，即休屠泽，今民勤县北以西的大盐池，正是今日的雅布赖盐池。而《三国志·徐胡二王传》中同样记载到，“河右少雨，常苦乏古，(徐)邈上书修武威、酒泉盐池，以收虏谷。又广开水田，募贫民佃之，家家丰足，仓库盈溢。”这里徐邈提议管理的武威盐池，就是指雅布赖盐池。清朝武威人张澍在《凉州记》中也记载说凉州有青盐池出盐，正方寸半，其形似石，甚甜美。又说，西海南有青盐池，盐井所处青盐，四方皎白如玉。西海在哪里？这是定位雅布赖盐池的重要坐标。《水经注》《汉书·地理志》《镇番县志》中都有这样的记载，从姑臧南山流出的谷水，北至武威入海，又分为二。一入休屠泽，在今民勤北，俗谓之西海；一入潴野泽，即白亭海，谓之东海。此上二海，通谓之都野泽。综合研判，雅布赖盐池在流沙之中的休屠泽西海之西，在匈奴与羌人联合作战线路的南北道上，应是汉代的盐泽，是三国曹魏时期的武威盐池。

今天的我们顺源而去，在以祁连山为背景的宏大的地图上，沿着昔日谷水流经的地方，向着汉时的休屠泽奔去。昔日的谷水很长，休屠泽很大，不是我们今天身边那条瘦弱的石羊河，亦不是我们今天所知的青土湖或者民勤。从凉州出发，过永昌府、宁远堡、下四分，到达民勤花儿园。花儿园，就是今天的民勤县红沙岗镇。今天，民勤红沙岗工业园区正在这里迅速崛起。据当地的人们讲，从阿拉善右旗到这里的三岔路口，

甘肃民勤连古城保护区

是69千米。69，这是从童年至今听到过最多的一个以数字代表地名的地方，是记忆里抹不去的一个旅程节点。在这里，可实现前往阿拉善右旗、民勤和武威、永昌河西堡的分流。以这里为标志，生态系统也实现着由平原绿洲向荒漠草原的转变。在它不远的前方，就是甘肃民勤连古城国家级自然保护区。

“蓝蓝的天上白云飘，白云下面马儿跑……”歌谣里这样唱道。向着书本印象中的内蒙古走去，却不见这样的场景。天确实很蓝，映着茫茫戈壁显得格外寥远。悠闲多姿的云彩卷舒自如，随意流淌，就像一个任性的孩子洒脱地在偌大的纸张上泼墨涂鸦，然后吹一口气送一缕风便又变幻成另一种模样。车窗两侧，人烟渐渐稀少。“山里无树，苦豆子为王。”高大的树木悄然隐退，代之以丛生的灌木。此起彼伏的沙丘卧在苍茫的戈壁上，在夏日的阳光里显得慵懒，甚或无聊。

走在通向天际的河雅公路上，一次次提醒自己，不要让自己成为匆匆的过客。目力所及之处，努力去寻找那些闪烁着古史信息星火的点点滴滴，在寻访中验证，在勘探中感悟，让身与肉走在现实的土地上，让心与灵穿越于曾经的古道上。一路行来，很少见到史书上提及的地名提示牌。一个名为“九棵树”的指示牌，和牌下孤零零地兀立着的几棵枯树，暗示着古道的沧桑。也许，在昔日茫茫沙漠里，一路所见荒无人烟，草木不生。而这九棵树，成为商旅们路上的明灯，心中的甘泉，烈阳下的清凉，走下去的希望。

而“沙漠之舟”骆驼的频繁出现，为午后的行走带来了更多的兴奋和惊喜。就在公路沿线的荒漠戈壁上，成群成群的骆驼聚在那里，或站或卧，或静静地瞩目远方，或悠闲地觅食吃草。车辆行过，它们都非常礼貌地行着注目礼，迎来送往着南来北去

九棵树

河雅公路沿线驼群

的匆匆行者。今天的骆驼，已被列入世界稀有动物之一，已成为塞上明珠，成为北方民族精神的一种象征。大道驼群，和古道驼队一样，在不同的历史时期成为大漠戈壁的独特风景。

脚下的这条路，建成于1954年。由此，内蒙古首先实现了雅盐的汽车运输。但在此之前，阿拉善人民的一切对外联络、物资往来均靠畜力进行。而在诸多的畜力中，骆驼是最为主要的交通工具。骆驼的出现形成了独具特色的运输方式——驼运。驼运的规模性发展，最终形成了史不绝书的“驼道”。

阿拉善属于荒漠草原，这里有着“骆驼之乡”的美誉。骆驼从头年九月左右膘肥体壮时起场，到次年三月左右膘落体乏时放场，最多可使役6个月。冬春寒冷而风沙凛冽的季节，正是驼运的关键时节，也成为每年的运盐期。透过俄国蒙古学家、摄影家阿·马·波德兹涅耶夫拍摄下的驼队照片可以看

河雅公路

出，每逢盐池期，成百上千峰的汉驼、蒙驼从四面八方云集而来，盐池畔便呈现出人海、驼海的壮观景象。而装载起程的骆驼一链接一链，形成长长的骆驼队，行进在大漠中，蔚为壮观。驼队过后，驼路即时显现，迅即，又被风沙吹无。走在茫茫沙海里，只有方向，没有固定的路道。灵性的骆驼、老练的驼工靠着本能和经验，进行着一次次危险性的穿越。有经验的人们都知道，在沙漠里，相差几里甚至几十里都是同路。这样的认知，体现着岁月磨砺的粗犷和豪放。而去寻找水草最佳、路径最捷、安全保险的路道成为每一个赶驼人不变的关注，这又磨砺出了他们精明、细心的特质。

经年的行走中，一条条通往包绥、宁夏、河西走廊的驼行线路在驼铃中显现，成为草原儿女与内地群众互通有无的纽带。单就河西走廊与雅布赖之间的驼路，南去武威的驼道叫中路，在158

昔日驼盐的驼队

千米的道路上，历经黑疙瘩、独青山、红沙岗、小井子、大口子、月牙坽，然后到达武威。偏西南而去永昌的驼道是西路，全长160千米，历经黑疙瘩、独青山、红沙岗、盐井子、下四分、宁远堡、河西堡至永昌。这条路，正是河雅公路的前身。去民勤的驼道叫镇番路，全长95千米，历经黑疙瘩、板滩井、井泉河至民勤。

循着这声声驼铃，驼车、驴驮子、铁车、骡马车、牦牛车等也相继出现在这些不同的大道上，共同奏响贸易交响乐。直到民国三十年，这里开辟出了大车道路。新中国成立后，才有了真正的现代化公路。之后，阿拉善先后建成了三道坎至吉兰太盐池的三吉公路和专用于和屯池盐池运盐的公路。至此，除查汗布鲁克盐池因地处沙漠腹地仍用驼运外，阿拉善其他三大盐池都结束了延续数百年的驼运历史。骆驼、驼运、驼道，都依稀成了大漠之中渐去渐远的故事。

❷ 古镇盐池拓盐道

走向雅布赖，不见河流，一路是山与漠的交辉。漠是巴丹吉林沙漠和腾格里沙漠，山是雅布赖山。千万年里，两大沙漠弧形隆起，造就了雅布赖山脉。雅布赖山西距嘉峪关400千米，东距乌海300千米，南距武威150千米。山系东北—西南走向，南北绵延100余千米，海拔高度1600～1800米。雅布赖山高峰耸立，巍峨壮观，天然阻挡着巴丹吉林和腾格里两大沙漠的汇合。资料记载，雅布赖山体有多处断裂层所形成的峡谷高几百米，蜿蜒数千米。这里，还是中国唯一的国家一级保护动物盘羊自然保护区。在雅布赖山的主峰南侧，有建于清朝同治年间的阿贵庙，号称"天制窗"。殿外有八座白塔，结构精巧，一条长300米的石路通向石窟，是当地群众朝拜神灵的圣地。

在遥远的前方，一个风沙线上的古镇盐湖召唤着我们。透过缥缈无际的巴丹吉林沙漠，一座房宇相连的建筑群影影绰绰现于面前。那不是海市蜃楼，正是雅布赖镇。

雅布赖镇，因雅布赖山而得名。1961年，内蒙古自治区将原来的阿拉善旗分设为阿拉善左旗和阿拉善右旗。阿拉善右旗驻呼和达布苏，就是今日雅布赖盐场的旧址。1965年，阿拉善右旗旗府又搬迁至额肯呼都格镇，即今日的巴丹吉林镇。1985年，阿拉善右旗在此建雅布赖镇。东靠孟根布拉格苏木，南与民勤相连，相距90千米；西与旗府接壤。北隔巴丹吉林沙漠与阿腾敖包镇相望，相距110千米，西距查汗布鲁克盐池约280千米，西南距河西堡火车站约140千米。11700多平方千米

雅布赖镇一角

的土地上，生活着4000多人口。国家二级企业雅盐化集团公司就驻在这里。毋庸置疑，这是一座靠盐业立镇的集工业、牧业、农业及第三产业为一体的新型集镇、工业重镇。

美丽的雅布赖盐湖，就静卧在雅布赖小镇旁边。被分隔成一大片一大片的方田里，有的盈着卤水，有的显着湿气，更多的是黝黑的土地上泛着白色的盐碱。白色的盐堆彼此相连，洁白的盐晶在阳光下闪着光，眨着眼。池边，有红色的草，有绿色的芦苇。这，就是盐池池盐。

池盐，又名课盐，产于山西、陕西、甘肃、青海、内蒙古、西藏、宁夏等地。池盐类型很多，论其味质，还数内蒙古阿拉善地区的吉兰太、雅布赖和查汗池等盐为上乘。雅布赖盐池地处雅布赖山下，三面环山，中部低洼，地形由西向东缓慢下降，呈现为地槽形的盆地。在地质运动时期形成内陆湖相沉积，由

雅布赖盐湖企业

雅布赖盐湖

于地处干旱的荒漠高原，年降水量少，蒸发量大，湖中之水因蒸发逐渐减少或干涸，这便造成了地表盐分的大量聚集，周围形成盐渍化地带，中间成为盐湖。池盐以产地而言，称为“雅盐”；因颜色青白很少杂质，亦称“青盐”，蒙语称作“库库达布苏”；池地所产之盐晶体大，色白如玉，质味咸美，曾作贡品，因此又谓之“贡盐”“黄盐”；在历史上远销陕西的雅盐多系镇番民勤骆驼驮运，因此在秦岭南的汉中地区又称“番盐”。

雅布赖池盐驰名中外。雅盐因有除疾解毒之功效被纳入中药，在民间广泛应用。雅盐系天然结晶而成，不假人工制造，其质佳味美，堪称各池之首。雅布赖盐湖资源保护区面积160平方千米，盐池总面积约22平方千米，呈东西长、南北窄的椭圆形，其中开采面积约15.6平方千米，是仅次于吉兰太盐池的第二大盐池。雅池盐层平均厚度2.71米，一般需七八年复采一次。

雅布赖盐池

雅盐生产，历史悠久。新中国成立前这些盐池有王府掌管，有的还被王爷据为家私而代代相传。民国十九年成立甘肃雅布赖榷运分局，将民勤马莲泉盐局移设武威，谓之甘肃凉州榷运分局。此二局专事运储雅盐，管理盐政、税收、储运等事宜，使雅盐畅销于甘肃民勤、武威、兰州，远达陇南、汉中一带。雅布赖盐场，是一个具有六十多年建场历史的老牌湖盐生产企业。内蒙古雅布赖盐化集团有限公司以湖盐生产为基础，盐硝化工产品生产为重点的国有控股中型盐化工生产企业。企业以盐为业，坚持盐为基础、产业延伸，外沿扩展、内涵聚集，造精细产品，显绿色本质，树“雅”字品牌，目前主要生产环节已实现了机械化。

手印岩画是最古老的岩画，也是迄今见到的人类最早的色彩图像。走进雅布赖，想起这里发现的手印岩画。之前，专家学者曾仅在法国、西班牙旧时代的洞穴岩画以及南非、澳大利亚、加拿大等地时代较晚的岩画中发现过手印岩画。1998年，我国文物工作者首次在阿拉善右旗发现布布手印彩绘岩画和额勒森呼特勒手印彩绘岩画。2009年，文物工作者又在雅布赖镇新呼都格嘎查境内新发现了陶乃高勒洞窟手印岩画。专业人员从作画风格、手形特征、手印颜色、作画方法等方面测量和比对后初步判定，陶乃高勒手印岩画与布布手印岩画、额勒森呼特勒手印岩画同属一个时期。联合国教科文组织岩画委员会第一届主席、意大利卡诺曼史前研究中心主任阿纳蒂认为，这是中国已发现的最早的岩画，应在14000年至30000年间，也是中国岩画的重点。岩画中丰富的历史文化内涵对于证明巴丹吉林沙漠在旧石器时代就有人类活动以及中外岩画研究都具有重要的参考价值。此外，在该洞窟正南方向约60米的河床两岸分布着直径2米至8米不等的7个石圈遗址。

雅布赖，同样是西北风沙线上的一个大风口。因为这里地处巴丹吉林沙漠与腾格里沙漠的汇合处。在告别雅布赖前往阿拉善的公路上，右侧是芦苇、红柳映衬下的盐湖海子，左侧是绵延起伏的巴丹吉林沙漠，植被稀松。大风从一个个裸露的沙丘上掠过，扬起的黄沙悄悄地做着移步运动，在公路上形成了一个一个的沙障。

骆铃声从这里响过，大风从这里刮过。雅布赖的记忆应该属于骆驼和池盐。但是，在即将沿着省道317线告别雅布赖走向阿右旗的时候，在雅布赖盐池的上空里，一只苍鹰盘空飞翔，守望着盐池。久久不曾飞过的苍鹰，在刹那间飞驻在雅布赖的心田。脑际中忽然闪过一个谶言：飞翔在草原上的雄鹰是雄鹰，飞翔在盐池上空的雄鹰更是雄鹰。

鹰翔雅布赖，昭示着一个地域的前生、今世和来生。

鹰翔雅布赖

问道阿拉善

2015年6月11日，“2015年草原丝绸之路暨玉帛之路”考察团正在从遥远的银川西夏区开始一路考察，经内蒙古巴彦浩特，向着阿拉善右旗进发。今天，考察团的行程将达到600多千米。按照活动安排，我将在完成雅布赖盐湖及周边考察后，前往阿拉善右旗与大部队会合。

驼乡阿拉善，苍天般的阿拉善，那是一个神秘的地方。在我“丝绸之路”北道的考察线路上，她是最令我神往而又唯一能够前往的地方。

问道阿拉善，长河奔向大漠，那是长河的伊甸园。

❶ 如梦如幻刺勒川

《蒙古秘史》上说，蒙古，在史籍上称为“蒙兀室韦”。来自蒙古族名，即勇猛的人。战国时属赵燕等国家及匈奴、东胡之地，秦汉时属匈奴、乌桓、鲜卑，唐置丰、胜、云、营、灵、夏、凉、甘、肃等州。1947年5月1日，内蒙古自治区成立，为最先实行民族自治的省级城市。在神州大地北部边疆线上，内蒙古各族人民守望相助，努力打造经济繁荣的风景线、边疆安宁的风景线、生态文明的风景线、幸福生活的风景线。

认识和知晓内蒙古，始于童年的记事。在那饥荒的年代，我的外祖父母抛下已经出嫁的我的母亲和大姑，带着他们的另外几个孩子——我的唯一的舅舅和两个姨妈，逃荒要饭，流落到了一个叫内蒙古自治区五原县白银倒海公社的地方。从此以后，母亲成了几十年里没有见到过父母的孤独的人，而我知道了除了自己所在的乡村外还有一个叫内蒙古的地方。听说那里的人们和我们生活的不同，那里有草原，有牛羊。再长

草原歌舞雕塑

阿拉善荒原上的羊群

大一些，学习乐府民歌，学会了那首《刺勒川》的民歌。总是在黄昏来临的时候一个人待在村子外的荒坡上，想象起外祖父外祖母会看到的那种像锅盖似的天空。我总是在想，能够收容逃荒者的地方，定然是富有的地方。那么，祖辈们是沿着怎样的路，找到那样的一个村庄呢？

随着年龄和学识的不断增长，内蒙古渐渐变了模样。在全国30多个省份里，他就像那个木讷老实的孩子一样，总是保持着沉默。时日已久，便形成了内蒙古荒漠化生存的状态，包括自然，包括人文。而令我彻底改变这种偏见进而产生强烈的向往，源于"玉帛之路"后的学习和研究。就在那片沉寂的沙漠区域里，居然在一个叫敖汉兴隆洼的地方有一个文化遗址，在那里居然发现了至今8000年前的玉！要知道，这是中国迄今所知年代最早的玉器！而著名的红山文化，是中国玉文化的三大高峰之一！

内蒙古，不是文化的荒漠。也许，真的是因为长城的存在，阻挡了史学家的目光。走进内蒙古，了解草原"丝绸之路"，这是揭开内蒙古秀美面纱的一次邂逅。而与河西走廊唇齿相依的阿拉善盟，在草原"丝绸之路"上充当重要孔道的阿拉善盟，便成为择其要者而行之的首选。

❷ 潴野润泽阿拉善

初听"阿拉善"，总以为这是一个与穆斯林民族有关的地方。在伊斯兰教中，真主阿拉是仁慈的，是善爱的。阿拉善，就宛如伊斯兰教民在礼拜中的祈祷。而翻阅《蒙古秘史》，其中对此有所记载。1226年，成吉思汗率兵攻打西夏，与西夏大

阿拉善骑士雕塑

将阿沙敢不激战在“阿剌筛”，阿沙敢不战败。此后，贺兰山以西的草原便为蒙古所居。“阿剌筛”，第一次载入了史册。“阿剌筛”即阿拉夏，也就是阿拉善，它是贺兰山的蒙语称谓。

阿拉善地处内蒙古最西端，地理上也称作阿拉善高原。它的东界是贺兰山及河套平原的西沿，西界是北山马鬃山，南界是河西走廊，向北则延伸到中蒙边界。境内大都被沙漠所占据。阿拉善高原自地质时期以来就是一片干燥的沙漠，沙漠与戈壁相间。历史古籍上对此地泛称为大幕、大漠、瀚海、流沙等。巍峨壮丽、峰峦叠嶂的贺兰山，雄踞东部。滔滔黄河，跨境奔腾流过；一望无际的沙漠、戈壁、草原，恰似梦幻。这里的土地肥沃，水草丰美，物产丰富。这块近27万平方千米的山川秀美的风水宝地，哺育了20万各族人民，是中华民族古老文化的发祥地之一。

阿拉善历史悠久，远在4000～7000年前，就有原始先民在这块热土上繁衍生息，创造了绚丽多彩的细石器文化，为人类文明时代的到来奠定了基础。秦统一中国后，大将蒙恬率30万大军北击匈奴，夺取黄河南岸全部地区，匈奴兵败退黄河以北，这里为匈奴浑邪王与休屠王驻牧之地。西汉元鼎六年（公元前111年），汉武大帝在河西分置四郡，阿拉善地区在武威郡之列。西汉、东汉到三国两晋南北朝时期，阿拉善地区为匈奴楼烦、白羊王部众、鲜卑、羌等少数民族领地。隋唐五代时期，阿拉善属武威、灵武之地，是中原民族与突厥、吐蕃及吐谷浑之间交战频繁的战场。宋元时期，西夏与宋、辽、蒙古军战争长达200年之久。明代，瓦剌日渐强盛，长城以北被蒙古人的鞑靼、瓦剌所占领，战争延续近200年。阿拉夏地区属甘肃行省管辖。清朝，和罗理驻牧阿拉善地方，阿喇布珠尔入驻额济纳河流域。清康熙三十六年，清政府为解决“西套难民问题”在和硕特蒙古设置了第一个旗——阿拉善旗，至今已有300多年的历史。

游览内蒙古地图或者甘肃地图，可以清晰地看到，阿拉善盟呈现一个倒着的“凹”字形，而那凹进去的地方，正是民勤。这样的描述，忽然联想起叶舒宪教授对民勤的叙述。在叶舒宪的眼里，民勤是插进巴丹吉林沙漠和腾格里沙漠的一枚枣核。从自然地形看，民勤县北境大部分地区处在河西走廊北山迤东余脉的红崖山、黑山和阿拉古山一线以北，深居阿拉善高原中部。古代，这里被称为潴野。

《尚书·禹贡》里说，“黑水西河唯雍州……原隅底碛，至于潴野，广平日原，下湿日隰。”加上《汉书·地理志》关于“谷水所出，北至武威入海，行七百九十里”的叙述，再一次印证了阿拉善与河西武威、民勤，阿拉善与石羊河流域之间的关系。李万禄在《初谈阿拉善与河西走廊地区的古代沙漠草原路》一文中说到，阿拉善高原水源奇缺，雨量稀少。深入阿拉善草原的石羊河早已退缩，现除有古称为弱水的额济纳河外，其他一些都是很小的季节性河流与湖泊。在远古时代，能把谷水载入史册，充分说明古代的谷水水量大，流经长，很长一段深入阿拉善南部盆地中。

这样的文字记载和渊源探查，令人兴奋。石羊大河奔向荒漠，深入阿拉善。远古的人们顺流而下或者逆流而上，寻找着自己赖以生存的物质家园和精神家园。石羊河，成了沟通“丝绸之路”河西道和草原道的桥梁和先导。其实，在长达1000千米的河西走廊，因为石羊河流域、黑河流域，有许多这样的地段深入到阿拉善高原中部，形成了两地交流沟通的路网和板块。

自西汉时，河西地区从南往北有氐置水、籍端水、呼蚕水、弱水和谷水贯穿其间。其中向北流入阿拉善两大沙漠的，只有弱水额济纳河和谷水。谷水流行在巴丹吉林沙漠和腾格里沙漠之间，向北最终流入终端湖——潴野泽，这是一个较大的内陆湖，而不是小水泊。谷水流量较大，冲积范围较广，在潴野泽南岸首先造成广阔的冲积平原。由于这里水草特别丰美，逐渐形成本区最早有半固定付诸东流和初级农垦形态的绿洲。在它的下游，除有大片的流动沙丘外，还有固定、半固定丛草沙堆与戈壁相间构成的荒漠草原。石羊河向东北延伸，通过一些小的水海子，便进入阿拉善地区，进入内蒙古狼山、阴山地区地下水溢出和地形低洼的地段，地面呈现出盐渍化，在局部地区又形成了盐湖。

❸ 长河奔涌开通途

从阴山向西，直入河西走廊东部的武威、姑臧，远不过2000里。790里长的石羊河，就占去道路的三分之一还多。后来，由于石羊河的不断退缩，由于休屠泽的逐渐干涸，与河有关的古代沙漠草原路亦随之渐渐荒没，渐被许多人所淡忘。

淡忘，并不代表着消失。当许多人淡忘了的时候，驻牧漠南逐水草而迁徙的匈奴人没有忘记。他们没有忘记，河西地区地下水水源丰富，水草茂盛，是理想的天然牧场；他们更没有忘记，沿着石羊河流域，有一条入据河西走廊的“阳光大道”。

被誉为“上帝之鞭”的匈奴族南下西迁，造就了影响世界的重要历史事件。西迁的结果，是引起了欧洲的民族大迁徙，导致了罗马帝国的崩溃。南下的结果，是中原汉王朝的疆域得到了极大的拓展与巩固。汉文帝三年（公元前177年），匈奴右贤王西攻月氏，占据河西，将势力伸展到了新疆，统治了西域26国。那么，远在漠南的匈奴，是沿着哪一条道，入据河西走廊地区，从月氏人手中抢回了他们赖以生存的家园的呢？

《汉书·地理志》上记载，“自武威以西，本匈奴浑邪王休屠王驻地。”又载，“张掖郡，故匈奴浑邪王地。”秦汉之际，强大起来的匈奴击败月氏，占领河西，使之成为匈奴的驻牧之地。休屠王居于焉支山之东今武威民勤一带，浑邪王驻于焉支山之西今张掖一带。《太平寰记·陇右道·凉州》里说，休屠王在今武威城附近修建了姑臧城，姑臧城“为匈奴所筑，名盖臧城，后人讹为姑臧。”《元和郡县志·陇右道·凉州》并记，休屠王又修筑了休屠城，城址在姑臧城北六十里。而《史记·夏本纪》的记载显示，武威县在姑臧城北300里，即今民勤城北100里。那么，武威的郡治在哪里呢？清道光《镇番县志》对此有着明确的记载，元鼎六年（公元前111），置武威、宣威二县。一在郡北百三十里，一在郡北百八十里，隶武威郡，是为立县之始。

理清了这样的记载，我们便可以清楚地看到，西汉武威郡的治所在武威、宣威二县之南。这个位置，既不是姑臧城，又不是武威县，而是姑臧城北60里的休屠城。它位于今天民勤县蔡旗堡南的凉州区四坝镇三岔村。

休屠古城，成为匈奴入据河西走廊东部的门户。作为休屠王经营多年的休屠王都，是匈奴在河西东部的军政要地和经济文化中心。那么，匈奴为什么要在这片土地上屡建姑臧城、休屠城？

查阅地图资料，休屠县北有红崖山、黑山为天然屏障，东北环有长城以为护卫，南部面临谷水，地处绿洲中心。《读史方舆纪要·镇番卫》上说，休屠城“南蔽姑臧，西援张掖，翼带河陇，控临绝塞”。从阿拉善到休屠城，中间要经过浩瀚的腾格里沙漠。腾格里，蒙语里是“天”的意思。这是一个四周被山地围绕的大盆地，它的东部和南部有贺兰山、昌岭山，西部和北部有阿拉古山、苏武山、独青山等。这又是内蒙古境内除巴

位于凉州区四坝镇的休屠城遗址

丹吉林沙漠之外的第二大沙漠，面积达3万平方千米。它位于阿拉善东南部，一部分延及河西走廊的民勤、武威、古浪等县。驼铃声声，何以穿越？只要心存向往，天堑便可变通途。在长期的生产生活中，在一次次充满千难万险甚至带着生命危险、传奇色彩的奔波中，沙漠古道由少到多，由近至远，取弯裁直，最终形成了穿越腾格里沙漠、往返于阿拉善和民勤之间的南北驼路。南路全长420千米，从定远营开始，经过巴音温都尔、赛尔格得井、头道湖、红盐池、三道湖、巴尔曾、伊克尔、长湖、乔家窝铺、青山小湖、上银井，到达民勤。这条道草地宽阔，适宜放牧，井泉较多，饮水不缺，人烟较多，道路安全，店铺较多，便于食宿。不足之处是站多路长，但行者较多。主要用于贩粮、运盐。北路全程325千米，由定远营出发，经沙蒿口子、哈沙图、紫泥湖、刺窝子、五个山子、罗家井、四眼井、板滩井、东镇、红柳园至民勤，这是清朝乾隆之后才走通的，可谓捷径，但60千米的旱麻岗缺水少井，无法行走。新的道路开辟后，那些沙漠古道已完成了历史使命，逐渐被流沙所侵袭，消失在浩瀚的荒漠之中。

城依路建，路依河开。透过这样的分析，我们看到了匈奴部落首领鹰一样的眼睛。在阿拉善与河西错综复杂的交叉中，石羊河流域，是匈奴渴望已久的心中乐土；沿着石羊河流域逆流而上，是匈奴入据河西走廊东部一条非常理想的捷径；在石羊河流域核心区建立城池，进可攻，退可守，是匈奴固守河西走廊东部非常重要的战略高地。

同为枭雄，所见略同。匈奴入据河西后，在休屠建立据点；汉帝平定河西后，在此置县镇守。公元前121年，霍去病击败匈奴，汉廷在河西走廊设置了居延县和休屠县两大县城。居延，成为酒泉张掖郡的北方门户；休屠，成为武威郡的北方门户。两县互为犄角，以卫河西。休屠古城，经过多年经营，已逐渐成为河西走廊东部一个规模较大的县城，成为河西通向内蒙古和宁夏的捷径要塞。

这是一条从古至今相当重要的塞外之路。2000多年前，匈奴依托这条道路实现着领地的更迭，谱写着兴与衰的变奏曲。而他们的南下与西迁，在不自觉间将蒙古草原地带的“丝绸之路”进行了强有力的连掇与拓展，使之与漠南的河西走廊上的“丝绸之路”形成了亚欧大陆南北两大交通要道，逐步形成了“丝绸之路”的带状体系。在不同的历史时期，这条道路一直引起着人们的关注。北魏平城时代的鄂尔多斯沙漠南缘路，同样途经此路通往西域，那时叫白亭河道。到了康乾盛世，这条古老的道路又兴旺起来，成为西北通向华北的主要道路，当地的人们称之为包绥大路、包绥北路。其实，它是千里长途包

今日阿拉善的交通公路

武路的一部分。从字面上看，包武路是武威至包头间的路，实际上是整个河西走廊通向内蒙古包头、绥远（呼市）一带道路的代表性名称，是华北连接西北的交通纽带。这条道，由西南向东北，通过民勤盆地，经腾格里沙漠和乌兰布和沙漠西沿的戈壁地区北上，东西斜向与南北诸条插线纵横交错成一个路网带。可从武威出发，过沙碛、沼泽，翻越丘陵、麻岗，进入河套平原到达包头。其间经过蔡旗、小口子、头井子、小井子、团山子、死红柳井、白疙瘩、河北道、哈拉毛台，然后分南北支路，汇于巴彦淖尔，然后再从不同的方向进入包头。走张掖插线，则从张掖向北再折东偏北行，沿北大山、雅布赖山的南麓和巴丹吉林沙漠的东部边缘，穿行盐湖、碱滩、草地、戈壁，绕过狼山、阴山到达包头。康乾盛世之际，由山西太原、大同、汾州和河北天津、宣化和张家口等地的商人组成了“西帮”商行，他们沿着石羊河流域，沿着包武线，将自己的货栈遍布于内蒙古和河西走廊的各个要塞。

人类文明的脚步一直沿着河岸前行，人类沿着河岸完成了童年、青年、壮年的成长。物竞天择，适者生存。在漫长的人类成长史上，智慧的人们踏辟出了一条又一条沙漠之路。据资料记载，早在汉化，就有一条作为“中西交通之孔道”的“丝绸之路”。它的北路，就蜿蜒于内蒙古西北今阿拉善盟境内。在漫长的历史发展过程中，从旧绥远省府归化（今呼和浩特），至旧新疆省府迪化（乌鲁木齐）之间，有一条绥新大路，是沟通我国北方东西一向的一条重要的商业大道。穿越沙漠、戈壁的绥新路跟内地的道路不同，它必须依赖于途中可供人与牲畜食用的水井、牧场以及天然的河流、隘口等条件。由此，在长期的驼行马踏中，在绥远与新疆之间形成了南北中三条大道。而阿拉善、甘肃河西，永远是绕不过的节点。

石羊河形成了包绥古道，额济纳形成了绥新驼道。额济纳，秦时称流沙或弱水流沙，汉初叫居延。“安史之乱”后，这里成了通往回纥的主要关口。北庭沙州的节度使也通过这里与长安联系。元朝统一中国后，在这里设立了亦集乃路总管府。陆浩在《居延南路综述》中提出，由额济纳旗居延海向南通达于河西走廊的道路主要有两条。一条是达酒路，这是一条基本顺沿弱水绿带南至走廊西、中部的酒泉、张掖等地的大道。达酒驼路大部路段主要沿经黑河下游。黑河下游，历称弱水，元代以后，又被称为额济纳河，或溺黑河。额济纳，汉译为幽隐，即无人烟之意。取其名，意思就是多因这条河流在流至下游地段以后，渐入沙漠，不能成势，潜隐而远达的缘故。弱水在《汉书》中取名羌谷水，又被称为张掖河、山丹河。还有称其为合黎水、鲜水、覆水、副投河（《史记·夏本纪》）或坤都伦河。它的终端有南海之称。以后又被称为居延海、居延泽。达酒驼路由来已久，早在2000多年以前的西汉时期，就已是我国西汉王朝河西军政重地的北防主线。汉匈交兵，南来北逐，车马长途，戈壁沙漠中的弱水绿带，自当为其便利，于是沿河大道逐步形成。当时著名

阿拉善至山丹的公路

的龙城故道就已存在，此路当为古道的延伸。居延汉简里就有记载，当时的人牛车贩鱼，自居延至张掖市，往返仅需20余日，行途800千米以上。

另一条路，名叫达上路。与达酒路不同，这却是一条远涉沼泽、沙漠、戈壁、山地的道路。它由额济纳旗旗府达来呼布到上井子（额肯呼都格镇，右旗旗府地）间，然后通过现在阿拉善右旗上井子一带而南达于走廊中东部的山丹、张掖、武威等地的小路。北连包绥晋商道，在入路求市中实现着沟通与交流。

“驰命走驿，不绝于时月；胡商贩客，日款于塞下。”穿行于河西走廊与内蒙古高原上的阿拉善，一条条驼道，沟通内外、商贸往来、上传下达、互通文明，架起了友好往来和稳定和平的桥梁。而阿拉善，是这一条条古道上的必经之地，是古道上的明珠。

4 知遇相逢阿右旗

在阿拉善盟版图上，西部的巴丹吉林沙漠和东部的腾格里沙漠宛如大地的两只大足，坚实地踏于其上。以那枚顽皮而诱人的枣核——民勤为界，阿拉善右旗在左，阿拉善左旗在右，额济纳旗在左上方。省道317线、212线、308线等主干公路纵横其间，实现了三旗之间的贯通。

无由进入阿拉善左旗、额济纳旗，徒留一地遗憾。从雅布赖出发，沿着省道317线向着阿右旗进发。

在阿左与阿右之间，深褐色的路道飘向天际，商旅往来不绝于道，西去新疆、东往包头或东北三省的车辆川流不息。明暗忽变的苍茫青山是一道深远的背景。戈壁牧场上，灰绿色的草们伏在阳光下，闲散，慵懒。沿路走来，多见骆驼。在岁月的河床里，在黛色的青山下，在金黄色的大漠旁，驼们悠闲成一尊尊雕塑。那驼们，一边脱着毛，蜕变着新生，一边吃着草，充盈着力量。

看惯了腾格里沙漠，便形成了沙漠的定势。深入巴丹吉林沙漠，改写着沙漠印象。巴丹吉林沙漠，世界排名第四，中国排名第三，总面积4300平方千米，海拔高度1100～1600米之间，沙山相对高度可达500米，堪称“沙漠珠穆朗玛峰”。

从雅布赖前往阿右旗，有一座沙漠地质公园。2004年11月，内蒙古自治区人民政府将由巴丹吉林、腾格里、乌兰布和三大沙漠及戈壁峡谷、风蚀地貌组成的“阿拉善国家沙漠地质

阿拉善骆驼

公园”晋升为自治区首家沙漠地质公园；2005年8月，成功晋升为国家沙漠地质公园，从而成为全国唯一的国家沙漠地质公园，并被《中国国家地理杂志》评为“中国最美丽的沙漠”。2006年，这座沙漠地质公园又入选“中国50个最值得外国人去的地方”和“中国30个最值得探险的地方”。

可惜，由于行程的问题，只能遥望或者畅想。通过翻阅宾馆的宣传图册和当地老乡的介绍，巴丹吉林沙漠以其高、陡、险、峻著称于世。奇峰、鸣沙、湖泊、神泉、寺庙，号称巴丹吉林沙漠“五绝”。沙漠内有众多的咸、淡水内陆湖泊，湖泊四周芦苇丛生，湖水碧波荡漾，高大的沙山和晶莹的海子相映成趣，确有“漠中江南”之奇景。要去巴丹吉林沙漠，需要从内蒙古阿拉善盟阿拉善右旗附近的入口进入。昔日，人们大多通过乘火车到金昌，然后换乘班车前往。今天，阿拉善右旗有了自己的机场。飞翔在戈壁和沙漠上，又是别样的情趣。

阿拉善右旗旗府所在地是巴丹吉林镇，原称额肯呼都格，位于东大山西侧，北靠沙漠，南临峦山，西接巴音高勒滩，是阿拉善右旗政治经济文化的中心和交通枢纽。这里是“丝绸之路”草原道上的一处重镇。

今天，一座融现代时尚与民族风味的新型都市正在这里崛起。在阿拉善新修的广场上，设计者采用阿拉善世界地质公园著名景点丹霞地貌的额日布盖大峡谷造型设计了一堵文化墙，形象地展示了阿拉善和硕特蒙古族人从青海辗转来到阿拉善定居、创业、实现和平解放、各民族团结守边、改革开放奔小康的历程，充分展示了蒙汉各民族共同团结奋斗、共同繁荣发展、共创美好生活的精神风貌。阿拉善一路走来，从贫穷走向富裕，从落后步入文明，处处洋溢着勃勃生机和青春活力，

阿拉善文化墙

一幅经济发展、社会和谐、民族团结、边疆安宁的壮美画卷呈现在世人面前。

阿拉善具有厚重的文化底蕴。境内有独特文化内涵的曼德拉山岩画、古代长城、居延古城等遗址，在历史长河中形成了特有的地方文史资源和具有阿拉善人民所创造的精神财富。

“2015年草原丝绸之路暨玉帛之路”考察团的成员们到达阿拉善右旗时，已至夜晚十时左右。踏遍青山人未老。在这边疆小镇，再次幸遇中国社会科学院比较文学研究中心主任、中国文学人类学研究会会长叶舒宪，中国社会科学院人类学与民族学研究所研究员易华，作家、西北师范大学《丝绸之路》杂志社社长、考察活动组织者冯玉雷，还有此次考察团的新成员。

叶舒宪教授为作者授牌

与易华研究员重逢并相拥合影

纯粹的文化精神早已消除了彼此的陌生，握手拥抱，促膝畅谈。次日清晨，共同参观阿拉善右旗博物馆。在这里，我们看到了许多珍贵的史前陶器。尤其难忘的是那独特的陶鬲，曾有学者认为那是华夏国家形成期的标志物。叶舒宪教授认为这是他所见到的国土最西端的陶鬲，透露着中原文明与蒙古草原戈壁地区之间的文化交流。这里的诸多文物，还隐约透露着齐家文化、沙井文化、四坝文化的影子。

远望阿拉善苍茫的戈壁与无垠的荒漠，大地静谧。我不知道，在她的地底下，还隐藏着华夏文化的多少秘密。但我坚信，这里绝不是贫瘠的土地，绝不是文化的荒漠。也许，真的是因为长城，因为生态，遮蔽了许多及至史前文明的真实，遮蔽了许多能够证实草原之路与河西中道之间链接沟通的信息。也许在未来的某一天，这里会出现改写历史与文化的奇迹。

考察团成员考察阿拉善右旗文物

⑤ 神秘岩画曼德拉

雁过留声，人过留影。每一段历史，总有属于它的印记所在。有的一目了然，有的神秘莫测。岩画属于二者的结合。走过河西和阿拉善，领略过凉州莲花山下的“兽文石”，探寻过永昌毛卜喇的大泉岩刻。走进阿拉善，这里有亚洲第一、世界第二，被中国著名岩画研究专家盖山林赞之为“美术世界的活化石”的曼德拉千年古岩画。

因为行程匆忙，没有更多的时间去细细考察独特的阿拉善文化遗址。就在夜色中，在阿右旗文化广场上，领略了展示曼德拉山岩画的浮雕作品，亦算一次间接的阅读。

岩画积淀着古人的美学观念，是古人社会生活、心态活动、审美意识、活动业绩的真实写照，反映了人类内在的精神奥秘，是正在消失的古代印记。考古学家苏秉琦先生将此称之为描绘在崖石上的史书。它包含了民族学、民俗学、语言学、原始宗教史、艺术史、经济史、神话学、哲学、天文学、美术史等各种学科的内容，它把人们带回了遥远的古代，又仿佛把历史的长河一瞬间缩短了距离。

中国是世界上发现并记录岩画最早的国家。早在北魏郦道元的《水经注》中已经记载了20余处岩画。中国岩画分为南北两个系统。中国北方的岩画主要分布在北部内蒙古自治区和西部的新疆、宁夏、甘肃、青海地区。北方草原游牧民族岩画是我国岩画分布最为密集的地方。制作时间的跨度很大，最早的可能在新石器时代，最晚的当在元代。其中包括内蒙古东南部以白岔河为中心的赤峰岩画、阴山岩画、乌兰察布岩画及内蒙古阿拉善左右旗岩画、宁夏贺兰山北部岩画、新疆天山南北岩画、新疆北部阿勒泰岩画。这些作品风格写实，大多表现狩猎、游牧、战争、舞蹈等，图形有穹庐、毡帐、车轮、车辆等器物，还有天神、地祇、祖先、日月星辰、原始数码以及手印、足印、动物蹄印等。专家们将此分为人面像岩画、狩猎岩画、生殖岩画，有的在原始时代首先是历法冬至日的标志，后来衍化为祖先崇拜的标志；有的表现着某种神圣的祭祀等宗教仪式，有的岩画上还体现着古代先民“嫠面”的习俗。这些图像大都磨制、敲凿或线刻于岩石上，图像斑驳稚拙、粗犷简洁、浑然多变。在构思上天真纯朴，反映出人类童年时代某种幼稚的想象和美好的愿望。在造型上采用平面的造型方法，许多岩画往往是一些相互不关联的个别图像，即使是组成一幅画面的，也经常是一个个图形的重叠，而没有近大远小的透视关系，画面采用垂直投影画法，视线与对象最富特征的面保持垂直，追求物体的正面显示。没有细节刻画，却显示出生命的动感。

专家们猜测，西北高原岩画的作者很有可能是古代羌人。羌人在西北强盛以后，进入甘、青河西走廊一带，后来到了西藏高原。对西北高原的岩画做深入研究或许可以画出古代民族的迁徙图。

我的朋友、中国岩画研究中心研究员令平是一个对岩画考古和研究怀有狂热情感的人，一直在致力于成立“甘肃岩画研究会”，希望能建立一个较高规格的专业研究机构，最好能够把伏羲文化、黄帝文化、大地湾文化、马家窑文化、彩陶文化和岩画文化结合起来，以便于系统研究甘肃史前文明的形成和发展，对华夏文明的探源起到有力的支撑。

令平认为，从内蒙古的阴山岩画、宁夏的贺兰山岩画直到甘肃省的景泰岩画，的确存在一条从中国西北向西南弧线走向的岩画带。他以甘肃为例，认为甘肃的岩画分布有明显从四川传入的迹象，即从四川进入甘肃南部，一路从陇南进入天水，有著名的大地湾文化遗址；另一路从甘南向北，经临洮县，过兰州继续向北到达白银，形成了靖远岩画和景泰岩画。从这里，岩画分布又分两路，一路向西，沿河西走廊，经过金昌市的永昌县，张掖肃南裕固族自治县，翻过祁连山则到了青海省祁连县，或继续向西，到达酒泉、嘉峪关、玉门，然后进入新疆。

曼德拉山岩画位于巴丹吉林沙漠东缘曼德拉苏木西南14千米的曼德拉山中，在18平方千米内分布着4234幅数千年前的古代岩画，是世界最古老的艺术珍品之一。蒙语曼德拉，是汉语“升起来”的意思，在这里具有山势高峻之意。曾在中国历史上扮演过如此重要角色的北方游牧民族由于大部分没有自己的文字，虽然汉文的史书中稍有记载，亦大都是帝王将相的活动，一般狩猎民族游牧生活记载的就更少，致使他们远古时期的情况，以及他们后来的种种活动都是在一片迷雾之中。因此，曼德拉山岩画的发现，对于拨开这片迷雾起到了重要作用。从岩画内容题材来看，曼德拉山岩画的内容丰富多彩，有骆驼、牛、羊、鹿、飞禽等大量的动物，有规模宏大的围猎、放牧、舞蹈、征战场面，还有交媾、天体、草木、车轮、魔法斑点、村落、帐篷、图腾等，从生产、生活、宗教信仰、意识形态各个侧面反映了在文字出现之前的北方少数民族的历史概貌。其题材之广泛、内容之丰富、堪称我国西北古代艺术的画廊。

绵延几千米的曼德拉山曾经是羌、月氏、匈奴、鲜卑、回纥、党项、蒙古等北方少数民族的游牧地，他们在长期的生活劳作中，留下了这一幅幅神秘的符号，创造了灿烂的岩画文化。曼德拉山岩画从“远古走来”，成为苍天留下的密码。据岩画专

曼德拉岩画

家考证，岩画的制作时间，从原始社会晚期的新石器早期开始，历经新石器时代的狩猎盛行时期和原始社会牧业萌芽时期，经历了夏、商、周、秦、汉、北魏、隋、唐、五代十国、宋、元、明、清，已经有6000多年的历史。曼德拉岩画反映了古代游牧民的生活，岩画中表现马匹、马镫、骑马、骑驼内容的作品，是青铜时代创作的。从考古资料看，马最早出现于新石器时代。

据曼德拉山岩画的色泽和水温水位资料推测，在若干年前，曼德拉山四周湖水环绕，水草丰盛。当时曾有许多游牧、狩猎民族在这里繁衍生息，留下了可寻的踪迹。这满山岩画，精湛生动的艺术图案，反映了这些民族部落的历史。岩画古朴粗犷，既刻划其所见，又抒其所想，颇得天真自然之美，达到了庄严中见活跃、方正中见变化的艺术效果。形象生动地记录了远古及近代阿拉善地区的经济、文化、生活形态、自然环境和社会风貌。其题材之广泛，内容之丰富，堪称我国西北古代艺术画廊。

曼德拉山岩画是遗落在“大漠中的文明”，它是在特定的地域、特定的自然环境、并在特定的历史时代和民族中形成的原始艺术作品。它是北方草原岩画的一部分，它同周围内蒙古岩画、河西走廊甚至新疆天山岩画存在着密切的关系，对它的研究可以揭开这一地区远古民族历史文化的面纱，寻找到现代文化的根源。2013年，阿右旗境内曼德拉山岩画和巴丹吉林庙同时入选第七批全国重点文物保护单位。

❻ 愿借明驼千里足

阿拉善被誉之为“驼乡”。穿行沙漠的考察中，骆驼是一道独特的风景，更是挥不去的意念。

骆驼，这是一种非常富有灵性的动物，永恒地跋涉在唐诗宋词中，成为引发幽思的文化媒介。她属于沙漠，属于西部，属于强汉盛唐，属于元风清韵。不论是走在荒野道上，还是在阿拉善城市的某个角落，都可以看到她的踪迹。去年的这个时日，曾经阅读过同乡作家雪漠的《野狐岭》，那里演绎着汉驼和蒙驼两支驼队在包绥路上路过野狐岭的传奇和神秘。依稀还记得那频繁出现的《驼户歌》：

拉骆驼，起五更，踏步第四省。
出长城，过沙漠，遇上了一场风。
黄沙翻，黑浪滚，两眼不能睁。
你看看，这就是，拉骆驼。
才不是个营生……

“宁走十里转，不走一里弯”。在那异常艰辛的驼道上，不知道究竟发生过多少的悲欢离合，生离死别。但无论是哪样的故事，骆驼一直是人们忠诚的伙伴。因为她们的存在，陪伴着孤独的人们走了一程又一程。

在阿拉善，我们更听到了许多有关骆驼的故事。当地的人们告诉我，骆驼非常富有灵性。当生命即将结束的时候，她会绕着家门留恋地转几圈，发出几声悲鸣。然后，她们会悄悄地离开那片故土，走得很远很远。当主人发现的时候，她们已经完成了生命的轮回。人们说，骆驼不愿让主人看到她死去时的悲伤。还有，在昔日靠驿站传递政令军令的时候，一旦遇到紧急文件，人们会选出快驼，在她们的口里塞上食盐，然后用绳子紧缚驼口。然后再选一名强壮的驿差，上驼加鞭，数日不停地急奔。到达目的地时，那驼即倒地而死。

骆驼的忠贞，骆驼的负重，令人唏嘘。当现实注定有痛苦的时候，人们寻找着理想主义与现实主义的一统，寻找着另一种精神寄托的空间和载体。所以，千百年来蒙古人祭驼，祷告人与自然和谐，宣扬善行福祉思想，依此缓冲人们对驼不能释然而又无法解脱的情愫。在代代传承的养驼、拉驼与祭驼的仪式中，粗犷豪放、彪悍顽强的民族心理深深地烙在蒙古人身上，而忠厚善良、刚正不阿、吃苦耐劳、勤奋顽强的骆驼精神也成了阿拉善人不自觉的集体意识。

7 塞云茫茫吟大道

住在布达拉宫，我是雪域最大的王

流浪在拉萨街头，我是世间最美的情郎……

走过阿拉善，心中常常想起一些诗，一个人。那就是仓央嘉措和他的情诗。你可以给阿拉善一万个不美的理由，但因为仓央嘉措的故事，干渴的阿拉善便多了一地的滋润。

"格萨尔王的故事多，百姓嘴里念的佛语多，仓央嘉措跨过的门槛多。"康熙五十五年，33岁的仓央嘉措来到阿拉善定居。30年后的6月，西藏六世达赖喇嘛仓央嘉措在阿拉善沙漠里的承庆寺附近圆寂。承庆寺，当地的人们称之为门吉林庙。10年后，他的众弟子在贺兰山西麓修建了广宗寺，将仓央嘉措尊为第一代格根，即上世活佛。仓央嘉措坐床后，写下了许多脍炙人口的情歌情诗，成为藏族文学的瑰宝。

"我放下过天地，却从未放下过你。我生命中的千山万水，任你一一告别……"沿着世道亦如众千沙砾的茫茫沙漠，数次走过阿拉善的仓央嘉措问候过这里多少的水，多少的山？当地的人们说，仓央嘉措在阿拉善弘扬佛法，为阿拉善佛教文化

阿拉善蒙古包

奠定了积极的作用。这样的表述是不是显得苍白无力，是不是缺乏太不应该缺失的温度和禅意？

大道在何所，塞北云茫茫。仓央嘉措历尽了多少的劫波？沿着“丝绸之路”草原道，他在传播佛法的同时完成了怎样的修炼和涅槃？苍天厚爱着的阿拉善给了他多少的安抚和启迪？他为什么会选择在阿拉善沙漠的一座普通寺庙里告别红尘？默默无闻的阿拉善，可否是上师问道于世的圣地？又可否是他心中的一方净土？

“世间事，除了生死，哪一件不是闲事？”

沧海一声笑，阿拉善的沙漠里能否遇得上心仪的海市蜃楼？

问道阿拉善，但听见仓央嘉措咏诵的真言，看见摇动的经筒，感受到上师转山转水转佛塔中的那美丽相遇。

金光照耀阿拉善

子在川上总无语

（后记）

我总是在问着自己，我还能写多久？还能写些什么？

15年前，为了全景式地推介武威旅游文化，我和同仁自费走访尚未成型而足以跻身品牌旅游行列的武威人文景点，以散文的笔调，先后撰写出版了《武威旅游》《武威瑰宝》。拨冗历史的长河，从点、线、面和三维时空架构解剖武威旅游文化的形态。

之后，我又努力实现着从术到学的艰难一“跳”，先后完成了《武威市广播电视志》和《广播电视管理简论》的书写。

15年间，我在现实的大地上毫无功利地书写着属于自己份内的文章。有的落纸成字，有的写在心里，有的写在现实的脚步里。直到有一天和又一天，我先后永远地作别了自己的母亲和父亲，开始了泣血般的书写。在送别父亲之后的一周年里，我决定将自己从业以来的作品结集出版，以此告慰父母的在天之灵。于是，再次自费完成了100万字四卷本的《徐永盛文论集》的出版发行。有朋友认为这样的命名似乎欠妥。他的意思我懂，而我的心思他可能不太理解。还有好事者在无中生有说我推销了多少书，意思是认为我牟取了多少利。对此，我只有淡然一笑。因为他们也许根本无法理解，我竟然将绝大多数的书籍以赠送的方式进行了普及。因为我知道，对于出书收获的价格数，远远抵不上我想要扩散的爱心、孝心和责任心。其实许多的时候，书写者所推崇的并不在于能挣多少钱。书写，是一种品行，是一种价值。

书写，还需要一种缘分。我原以为自己的书写将就此停止。没有想到，2014年，在我的挚友、作家、西北师大《丝绸之路》杂志社社长冯玉雷的提携和支持下，我有幸参与了那场意义深远的“玉帛之路暨齐家文化”考察团的文化之旅。那次活动，在直接意义上催生了我6000余字的考察随笔、长达240分钟的四集电视纪录片《玉帛之路》和14万字的人文学散文著作《玉之格》等系列作品。但我认为最重要的收获还在于，它使我真切地感受到了文化的格局的重要性，认识到了格局对于人之成长的重要性。并在这种格局的指引下，继续成就了“草原玉石之路”的考察和书写。

严格地讲，我没有全程参加“草原丝绸之路暨玉帛之路”的考察。我很向往，但很无奈。因为我有我的苦衷。但玉雷兄对此给予了无言的、鼎力的理解和支持，让我以一个小分队的形式出现在这个团队之中，并且多次予以课题性的点拨和指引。我深爱着文化的责任，深爱着家乡的河流，深爱着“丝绸之路”“玉帛之路”的魅力。由此，我立足于一滴水艰难地窥探着一个世界。如果说每个人都有自己书写的母体和大本营，那么，我书写的母体和大本营应该就是河西走廊，就是石羊大河。于是，我开始了对河西走廊最东端的内陆河石羊大河的全新架构和重新解读。

子在川上曰，逝者如斯夫。我是一名记者，我想当一名学者式的记者。我是一个作家，我想做一名行者式的作家。面对这条河流，我真的不知道能够发出怎样的慨叹。但我相信，当每一束不同的光线照耀到叙述的本体上的时候，叙述就出现不同的色彩。站在对“玉帛之路”研究的角度看石羊大河，这里有与众不同的色彩。而站在“丝绸之路”多元多路的角度看石羊大河，一切的存在都有了新的解释、新的意义、新的内涵。长河落日圆，大漠孤烟直。我看到，在石羊大河流向浩瀚大漠的时候，它的身后，因为八条河流的存在，形成了“丝绸之路”河西道与青海南道互通的道路；在它的前面，因为碧波万顷的潴野泽的存在，形成了河西道与草原北道之间互通的道路。以河为媒，以大凉州为媒，“丝绸之路”在此的三条道实现了互通互利。在这样的框架下，许多曾经孤立存在的人或事或物就有了新的诠释。带着这样的命题，从文学人类学的角度出发，我利用一切有利时机匆匆问候相关的山川河道，我在记忆的时空里努力追寻捕捉相关的信息连接点。玉雷兄也在百忙之中抽空前往，陪同我一道完成了相关的信息采集和证据考究。就这样，在满纸荒唐言中，完成了14万字的书写。

子在川上总无语。所有的语言都飘在风里，融在水里，印在文化里。属于我们的，就是远眺，或敬畏。

完成了脚步的阅读，还需要更多的书本上的阅读。面对全新的领域，我只有努力地去恶补。当然，书写更是需要持久的耐力和不变的激情。在此期间，非常感谢叶舒宪教授、易华研究员真诚的赞叹给了我无穷的力量，他们进入我的世界给我带来最大的受益就是让我一次次地告诫自己，生命坚决不可造次。非常感谢我的团队对我的鼎力帮助和真情理解，总是让我能够克制了心猿意马的性情，安生地坐下来进行叙述。感谢我的爱人和孩子，从精神层面和物质层面给我的全力帮助，让我能够克服多相的存在而静心书写。还有我远在阿拉善左旗的朋友，为我及时提供了大量的书籍资料，让我很好地卧游内蒙古，完成了认知世界里两地之间的良好对接和转化。还有武威市水务局未曾谋面的朋友，为我提供了尚未正式出版的武威市水利志的相关资料，使我较全面地理清了石羊大河的来龙去脉。同时，亦对引用了大量专家学者的学术研究材料谨表谢忱。当然，最需要感谢的，还是我的父老乡亲——石羊大河哺育下的众生儿女。是他们创造了历史，实践了当下，创新了现在，留下了未来，最终实现了一条河流与三条道的传承创新。没有包括我在内的古道热肠的大河儿女，和热爱关注大河文化的有志之士，我们的一切就成了无源之水、无本之木。

子在川上总无语。所有的语言都属于山，属于水，属于木，属于土。无知如我者，在这样的学语中必将有许多的纰漏和错误。但是，放歌需要勇气，问道需要勇气。抱着一颗真诚的心，恳赐方家和读者的批评指正。

因为趟过这条河，问过这条道，我真正明白了一个道理，那就是，一切遗憾都是成全，问题就是最好的答案。

徐永盛

2015年冬季于谷水堂

参考书目

1. 王勇,高敬编.西域文化.时事出版社
2. 特·官布扎布.蒙古秘史.新华出版社,
3. 邵士梅注译.山海经.三秦出版社,
4. 叶舒宪.玉帛之路踏查记.甘肃人民出版社,
5. 冯玉雷.玉华帛彩.甘肃人民出版社
6. 朝格图编.阿拉善往事.宁夏人民出版社,
7. 马辉,苗欣宇.仓央嘉措诗传.江苏文艺出版社
8. 赵旭峰.龙羊婚.甘肃人民出版社
9. 徐永盛.玉之格.甘肃人民出版社
10. 沈建华,徐永盛.武威旅游.兰州大学出版社
11. 沈建华,徐永盛.武威瑰宝.兰州大学出版社
12. 徐永盛.谷水之恋.中国电影出版社
13. 徐永盛.梦里水乡.中国电影出版社
14. 许海山编.中国历代诗词曲赋大观.北京燕山出版社
15. 季成家编.丝绸之路珍藏版.甘肃文化出版社